Heinz Bohn

Schafhaltung im ehemals woellwarthschen Essingen

Bibliografische Information der Deutschen Nationalbibliothek:
Die Deutsche Nationalbibliothek verzeichnet diese Publikation in der Deutschen Nationalbibliografie; detaillierte bibliografische Daten sind im Internet über http://dnb.dnb.de abrufbar.

2. ergänzte Auflage 2019

Herstellung und Verlag: BoD – Books on Demand, Norderstedt

ISBN: 978-3-7460-3498-0
Dieses Buch ist auch als E-Book erhältlich.

Schäferbrunnen vor dem Rathaus Essingen

Inhaltsverzeichnis

Ausschnitte vom Schäferbrunnen vor dem Rathaus Essingen

Vorbemerkung

Die jüngere Linie der Freiherren von Woellwarth kann im 15. und 16. Jahrhundert am Nordrand des Albuchs zwischen den Reichsstädten Gmünd und Aalen, der Fürstpropstei Ellwangen und der württembergischen Herrschaft Heidenheim ein Kleinstterritorium ausbilden, dessen Mittelpunkt und Verwaltungssitz die Marktgemeinde Essingen ist. Am 15. März 1401 kauft Georg von Woellwarth von Hans von Westerstetten den reichslehenbaren Burgstall Sneggenroden, das spätere Hohenroden. Am 25. Mai 1413 werden die Reichsfestung Lauterburg sowie das Dorf Essingen durch Graf Eberhard III. von Württemberg an „seinen Diener Georg dem Jüngeren von Woellwarth" verpfändet[1]; 1413 verpfändet ihm Württemberg auch noch die Reichsfestung Rosenstein zusammen mit der Stadt Heubach.

Die Lauterburg bildet nun zusammen mit Essingen, Hohenroden und Teilen von Lautern das Zentrum der woellwarthschen Herrschaft. Burg Rosenstein und Stadt Heubach erweitern, von einer kurzen Unterbrechung abgesehen, bis zum Jahre 1579 deren Territorium.

In diesem dem Ritterkanton Kocher inkorporierten Herrschaftsbereich üben die Freiherren von Woellwarth-Lauterburg, vom Reich ausgestattet mit dem Blutbann, Galgen und Stock, die hohe und niedere Gerichtsbarkeit aus; seit der Reformation haben sie auch die Kirchenhoheit inne.

Beginn der woellwarthschen Schafhaltung

Am 15. Oktober 1418, es ist der Tag vor Sankt Gallus, kauft Georg der Jüngere von Woellwarth (#12)[2] von Wilhelm von Jagstheim dem Älteren und seinem gleichnamigen Sohn all deren Güter, Eigen und Lehen sowie ihre Leibeigenen, die sie im Umkreis von zwei Meilen zwischen Gmünd und Aalen haben. In den Kauf eingeschlossen sind auch „Wettigsweiler” (möglicherweise handelt es sich hier um die Hofstelle Schwarzweiler), „Ballstetten” (vermutlich das abgegangene Albstetten), das Gut von „Diemar dem Essinger“, die Hofstatt auf dem Stürzel samt dem halben Stürzel sowie zwei Hirtenrechte.[3]

Nachdem die Grundherrschaft von Woellwarth die Trieb- und Weiderechte und damit das Privileg der Schafhaltung erworben hatte, wird die Schafhaltung erheblich ausgeweitet und auch brachliegende landwirtschaftliche Flächen wieder der Nutzung zugeführt, nachdem zuvor nur die Beweidung der so genannten Allmendweiden erfolgte. Im Zuge einer starken Nachfrage nach heimischer Schafwolle durch das sich schnell ausbreitende Tuchmachergewerbe erlebt die Schafhaltung einen entscheidenden Aufschwung und ist daher für die Grundherrschaft für lange Zeit eine wichtige Einnahmequelle. Bei der Katastererhebung des Jahres 1823 werden in Essingen noch 37 Tuchmacher, Leinenweber und Strumpfmacher gezählt.[4]

Erste württembergische Schäferordnung von 1651

1651 hatte Herzog Eberhard III. von Württemberg die erste bekannte Schäferordnung erlassen und damit die Schäfer vom bisher „unehrlichen Stand“ zur ehrbaren Zunft gemacht. Mit der Zunftordnung entstanden auch die Regeln und Abläufe für die Festzüge am Bartholomäustag, dies ist der 24. August, in Markgröningen mit dem Schäferlauf, der heute noch stattfindet; der Sieger wird zum Schäferkönig ausgerufen.

Bei dem Fest herrschte ursprünglich für die Schäfer aus dem ganzen Lande Anwesenheitspflicht. Es wurden Streitigkeiten geregelt, Lehrlinge losgesprochen und das so genannte Leggeld in die Zunftlade eingezahlt, die Witwen und Waisen unterstützte. Die Zunftlade und die Zunftfahne waren auf dem Markgröninger Rathaus verwahrt. Als die Schäfer zunehmend Probleme hatten, sich rechtzeitig in Markgröningen einzufinden, wurde im Jahre 1723 die Hauptlade in Markgröningen geteilt und weitere Nebenladen in Wildberg, Urach und Heidenheim eingerichtet. Der Aufenthaltsort der Schäfer während der Sommerweide bestimmte, welchen Ort die Schäfer aufzusuchen hatten. Nach der Auflösung der Zünfte im Jahr 1828 ging die Ausrichtung des Schäfertreffens wieder auf die Stadt Markgröningen über.[5]

Woellwarthsche Schäfereigüter Lauchkling, Baierhof, Lix, Schönburren und Schwegelhof

Die Nutzung des Albuchs als großflächiges extensives Waldweidegebiet ist schon in alten Flurnamen bekundet. Besonders auf den Weiherwiesen bei Tauchenweiler auf der wenig gegliederten, stark verkarsteten Kalkhochfläche, die von 775 Meter im Nordwesten auf 600 Meter im Südosten abfällt, wurden auf den weniger wüchsigen, flachgründigen und trockenen Standorten Schafweiden angelegt. Mit der Intensivierung der Schafhaltung dürfte die Anlage der beiden Weiher in den Weiherwiesen zusammenhängen, die zur Schafwäsche dienten.

Wegen des Mangels an Winterfutter auf dem Albuch mussten die Schafherden zur Überwinterung in weiter entfernt liegende, klimatisch günstigere Gegenden wie das württembergische Unterland oder in das Rheintal ziehen, weshalb sich in dieser Zeit die durch den regelmäßigen jahreszeitlichen Ortswechsel zwischen den Sommer- und Winterweidegebieten die charakteristische Wanderschafhaltung (Transhumanz) herausbildete. Die Weidegebiete auf den trockenen Standorten auf der Albhochfläche konnten also nur als Sommerschafweide betrieben werden.

So entstanden am Fuß des Albtraufs auch herrschaftliche Schafhöfe, denen Winterweiden mit besonderen Wiesenarenale angegliedert waren. Das Weiderecht darauf stand ausschließlich den herrschaftlichen Schafherden zu.

Die Gemeinde Essingen besaß auf der gesamten Gemeindegemarkung das Weiderecht für ihr gemeinschaftlich ausgetriebenes Rindvieh, ausgenommen davon waren die vorgenannten herrschaftlichen Winterweiden bei den Schafhöfen; besonders bestellte herrschaftliche »Wiesenvögte« wachten darüber.

Neben den Weiderechten bestanden für das Gemeindevieh auch besondere Triebrechte über herrschaftliche Gebiete wie beispielsweise durch das Trockental am Ostrand der Weiherwiesen, damit vom Dorf her die Heide zwischen Lauterburg und Bartholomä sowie die Allmende im Gewann Birken und Teich erreicht werden konnten. Diesen so genannten gemeinen Viehtrieb hatten auch die Schafherden des Dorfes Lauterburg zu nehmen, wenn sie zur Schafwäsche zu den Weihern in den Weiherwiesen getrieben wurden.

1527 erwirbt Wilhelm von Woellwarth zu Hohenroden (#134) von Abt Laurentius, dem Prior und dem Konvent des Benediktinerklosters Lorch um 250 Gulden württembergischer Währung deren Schafhof zu Essingen, Baierhof genannt, den bisher Claus Mayer bebaut hatte.[6] Das Kloster Lorch erwarb diese ehemalige Vogtei „Cunenvelt“ im Jahre 1336 von Hilprant von Mantal und wurde ein so genannter Maierhof des Klosters. Bürgen dieser Erwerbung waren Friedrich der Ältere, Ulrich und Albrecht von Schnaitberg.[7] Dieser ehemalige Schafstall ist Mitte der 1980-er Jahre eingefallen, die Mauerreste wurden aus Sicherheitsgründen abgebrochen.[8]An den abgegangenen Schafhof erinnert heute noch das Gewann 'Baierhof'.

1538 kommt auch der Schwegelhof (wieder) in den Besitz der Freiherren von Woellwarth. Der Hof hat eine interessante Entstehungsgeschichte: 1418 wird das Schäfereigut Schwegelhof (Schwägelhof) erstmals erwähnt, als Wilhelm von Jagstheim der Ältere und sein Sohn Wilhelm der Jüngere ihre Güter samt Leuten und Lehen an Georg von Woellwarth zu Lauterburg (#12) verkaufen.[9] 1436 wird der Schwegelhof im Zusammenhang mit der Stiftung einer ewigen Messe und der Zinsabgabe an die Pfarrkirche zu Gmünd erneut genannt.[10]

1527 verkauft Wilhelm von Woellwarth zu Hohenroden (#134) den Schwegelhof mit allen Rechten und Zugehörigem um 1.100 rheinische Gulden an den Bürger und Metzger Gabriel Rot zu Ulm. 1538 kauft Jörg Heinrich von Woellwarth zu Lauterburg (#142) den Schwegelhof wieder zurück, indem er den Schuldbrief seines Onkels Wilhelm (#134) übernimmt.[11]

Die woellwarthsche Schafhaltung stützt sich nun insbesondere auf die Schäfereigüter Schönburren, Lix und den Schwegelhof, der ab 1684 gemeinsam mit den Herren von Degenfeld betrieben wird.[12]

Der Begriff „Schönburren“ ist heute kaum mehr bekannt. Im Laufe der Zeit änderte sich die Schreibweise. 1839 schreibt C. F. Wagner noch vom „Schinburren“[13], heute wird die Schreibweise „Schindburren“ benützt. Die Gründe für diese sprachliche Veränderung, die jedoch keine große Bedeutung hat, sind sicherlich vielfältig; mündliche Überlieferung mit mundartlicher Einfärbung oder einfach fehlerhafte Übertragungen spielten dabei wohl eine Rolle. Der Schönburren, die Lix und der Schwegelhof gehörten samt Schaf- und Wohnhäusern sowie der dazugehörenden Wiesen zum Hauptort Essingen und wurden daher auch zur Ortsschadenumlage herangezogen.

Zum Schwegelhof findet sich in einem Auszug des alten Saal- und Lagerbuches von 1681 der Eintrag: „Der Schwegelhof, das Schafhaus und des Viehknechts Wohnung sind halbteilig, obwohl das auf Degenfeld stehende Schafhaus in der Mitte geteilt ist, so gehört es laut Rezess (Vertrag) von 1708 der Herrschaft von Degenfeld oben auf dem Boden zwei Sparren weiter.“[14]Diese Besitzverhältnisse werden auch in der Gebäudeaufnahme 1818 durch das Oberamt Aalen beschrieben.

Schafhaus Lauchkling

Etwa um 1740 wird durch die Herrschaft Woellwarth-Hohenroden das Schafhaus Lauchkling (Lochklingen) mit einstöckigem Wohnhaus als Winterquartier für ihre Schafe erbaut. Das 48 Meter lange Schafhaus, die Firsthöhe des dreigeschossigen Sparrendaches mit 1.100 qm Dachfläche folgt dem Gelände und weist deshalb ein Gefälle von rund 1,40 Meter auf, diente neben den anderen Häusern den Schafherden, die nicht ins Unterland oder ins Rheintal getrieben wurden, als Winterquartier und beherbergte auf einer Grundfläche von etwa 640 qm bis zu 800 Tiere. Ein ehemals in der Nähe sich befindender kleiner Weiher diente zur Tränkung der Schafe. 1777 erfolgte eine größere Renovierung des Wohnhauses.

Die Winterschafstallung auf der Lauchkling ist immer wieder verpachtet. 1832 ist beispielsweise als Pächter der Winterschafstallung auf der Lauchkling und dem Burren-Schafhaus der Blümleswirt Johannes Rieder[15], ein Sohn von Matthäus Rieder vom Gasthaus zur Sonne, nachgewiesen.

Nachdem das Lauchkling-Schafhaus nach und nach bröckelte und baufällig wurde, sollte es ursprünglich um das Jahr 1990 abgebrochen werden. Dann wurde aber zusammen mit dem Denkmalamt ein Renovierungsplan erstellt und 1994 das Haus zusammen mit dem danebenstehenden kleinen Schäferhaus in zweijähriger Arbeit wiederhergestellt. 1996 erhielt Reinhardt Freiherr von Woellwarth-Hohenroden (#273) den Denkmalschutzpreis des Schwäbischen Heimatbundes für die gelungene Renovierung.

Staatsarchiv Ludwigsburg EL68 VI Nr. 2568 Bild 1

Das renovierte Schafhaus Lauchkling direkt unterhalb von Schloss Hohenroden. Foto: 16. August 2011
Blick von Norden nach Süden auf Hohenroden im Hintergrund

oben: rechts vom Schafhaus das ebenfalls renovierte ehemalige Hirtenhaus, im Hintergrund das Zollhaus
Fotos 16. August 2011: Blick von Süden Richtung Norden
unten: Südseite des Schafhauses

oben: Südostseite
Fotos 16. August 2011
unten: Nordostseite

oben: Ostgiebel
Fotos 16. August 2011
unten: Westgiebel

Fotos 16. August 2011: Blick in das Schafhaus

Schafhaus auf der Lix

Die zu Heubach gehörende Schafweide auf der Lix, der halbe Anteil gehört der Herrschaft von Gemmingen-Werneck zu Neubronn, wird von 1740 bis 1746 an Matthäus Rieder, Wirt zum Weißen Löwen in Essingen, verpachtet. Als weitere Pächter sind bekannt von 1752 bis 1758 Joseph Barth, Schultheiß zu Lauterburg und Matthes Borst, Bürger und Metzger in Essingen. Sie erhielten am 25. Juli 1752 den Schäferei-Bestandsbrief und den Pachtvertrag, am 27. Juli 1752 stellen sie eine Kaution in Höhe von 2.000 Gulden an Sebastian von Woellwarth (#205) zu Lauterburg.[16] Es folgen von 1777 bis 1783 der Schäfer Philipp Gottfried Gößele, von 1783 bis 1795 Johann Sebastian Blezinger, herzoglich württembergischer Eisenwerker zu Königsbronn, von 1795 bis 1801 Eberhard Blezinger zu Westernach und von 1801 bis 1807 der Essinger Bärenwirt Johann Georg Müller und Johann Kaspar Bäuerle, ebenfalls aus Essingen.[17]

1805 beginnt ein langer Schadenersatzprozess der beiden letztgenannten Pächter der Heubacher Schafweide vor dem Patrimonialgericht Essingen gegen die Lauterburger Schäfereipächter Christian Sperrle und Daniel Grimm wegen Ansteckung ihrer Herde mit der Schafräude durch Lauterburger Schafe. Gleichzeitig klagt der Mitpächter der Lauterburger Schafweide Johann Gottfried Widmann von Hartmannsweiler-Degenhof, Oberamt Winnenden, ebenfalls vor dem Patrimonialgericht Essingen gegen den Pächter der neubronndegenfeldschen Schafweide zu Essingen, Bürgermeister Johannes König, wegen dessen Behauptung über eine angebliche Verseuchung der Lauterburger Schafe.[18]Die Prozesse dauern bis 1810.[19]

Bei der Gebäudeaufnahme durch das Oberamt Aalen nach der Instruktion vom 3. November 1818 besteht das Schäfereigut Lix aus einem einstöckigen Wohnhaus und einem Schafhaus. Gemeinschaftliche Eigentümer sind die Freiherren von Woellwarth zu 3/8 und die Herren zu Gemmingen-Neubronn mit 5/8 Anteil.

1823 wird die Schäfereiwohnung auf der Lix erneuert und von Rentamtmann Maximilian Heinrich Gleich die angefallenen Baukosten berechnet.[20]1836 erfolgt eine neue Wertberechnung für die Besoldung des Aufsehers der zum Schäfereigut Heubach gehörenden Schafweide.[21]1853 wird zwischen dem Rentamt Essingen und dem Schäfereigutspächter Johannes Läpple ein Mietvertrag für das Lixwohnhaus samt Garten abgeschlossen.[22]

Zu Beginn des 20. Jahrhunderts trieb Schäfer Schönig, Pächter der Lix, seine Schafe zur Winterweide bei Lorsch am Rhein. Von dort aus wurden die zum Schlachten bestimmten Tiere zum Verkauf nach Paris weitergetrieben.

Das baufällige Schafhaus wurde im Januar 2012 komplett abgerissen.

oben: Das fast 40 Meter lange und 12 Meter breite Schafhaus Lix
Fotos: 17. August 2011
unten: ehemalige Hirtenwohnung

oben: Ausschnitt des sich im Zerfall befindlichen Schafhauses Lix
Fotos: 17. August 2011
unten: Blick ins Innere des ehemaligen Schafstalles

Fotos: 17. August 2011: Blick in das Schafhaus

Vereidigung der woellwarthschen Schafhirten

Die große Bedeutung der Schafweiden für die Herrschaft von Woellwarth geht aus der „Vereidigung und Instruktion der Hirten, Schäfer, Schafwäscher, Nachtwächter und Flurhäuer“ aus den Jahren 1667 bis 1812 hervor. Die Schäfer von Essingen und Lauterburg hatten zu geloben, über die ihnen anvertrauten Schafe „fleißigste Aufsicht zu üben und keine kranken Schafe zu dulden, um die Ansteckung der ganzen Herde zu vermeiden“. Weiter mussten sie darauf achten, „dass nur dort die Herden weiden dürfen, wo es die Vierleut[23] der Gemeinde bestimmten, damit durch die Schafweide anderen kein Nachteil entstehe“. Stets im Frühjahr und Herbst hatten sie der Herrschaft zu berichten, wie sich die Zahl der Herde entwickelte. Entsprechend verpflichtete Schafbeschauer führten eine jährliche Schafbeschau und Zählung der Tiere auf den Schäfereien Essingen, Neubronn, Degenfeld und Heubach durch. Die Schafhirten in Lauterburg wurden außerdem zur Erhebung und Einforderung von Wegzoll ermächtigt[24]: 1681 ist dies der Lauterburger Schäfer Christoph Barth[25].

Vereidigung der woellwarthschen Wiesenknechte (Wiesenvögte)

Auf den Schäfereigütern sind ab 1684 auch so genannte Wiesenknechte oder Wiesenvögte angestellt, die von der Herrschaft vereidigt und besoldet werden und über die Weiden Aufsicht halten. Um

1690 ist ein Hans Bregler herrschaftlicher Wiesenvogt auf dem Schwegelhof, danach folgt nach einem Eintrag im Essinger Kirchenbuch ab 1697 der Weber Melchior Kolb. Der 1671 geborene Melchior Kolb war mit der Schäferstochter Catharina Baßler verheiratet, wohl nicht umsonst erhielt er das Amt des Wiesenvogts auf dem Schäfereigut Schwegelhof. Ihr Sohn Jacob, als elftes Kind 1719 geboren, wurde nach seiner Heirat mit der Bauerstochter Catharina Holz im Jahre 1739 herrschaftlicher Wiesenknecht auf dem Schafhof Lauchkling. Um das Jahr 1780 ist als Wiesenknecht auf der Lauchkling Melchior Helmer bekannt, der 1801 den Wiesenknechtsdienst teilweise an seinen Sohn Kaspar abtritt und die Besoldung mit ihm teilt.[26]

Die Stelle des Wiesenknechts auf der Lix wird später auf Verlangen der Gutsherrschaft von Gemmingen-Werneck zu Neubronn abgeschafft.

Schafweiden geben ständig Anlass zu Streit

Welch eminent wichtigen Stellenfaktor die Schafhaltung ursprünglich in unserem Gebiet hatte, zeigen unter anderem auch die unzähligen und teils langwierigen Streitigkeiten zwischen den einzelnen Grundherrschaften. So will Rennwart von Woellwarth (#126) den Handel mit Schafwolle wesentlich ausweiten, nachdem er 1477 auch den Dauerwang bei Essingen gekauft hat, und versucht deshalb mehrfach gegen den Widerstand der Gmünder Herrschaft in Lautern, mehr als die den Woellwarth seit jeher zugestandenen 900 Schafe auf der Winterweide bei Lautern, einem Brach- und Wiesenfeld, zu halten. Die Gmünder Untertanen in Lautern jagen aber die Schafe samt dem woellwarthschen Schäfer mehrfach mit Hunden nach Lauterburg hinauf. Da sich Rennwart von Woellwarth mit Gewalt zur Wehr setzt, kommt es zu heftigen Streitigkeiten und letztlich zu einem Prozess. 1487 wird Rennwart von Woellwarth wegen dieser vermeintlich widerrechtlichen Benützung der Lauterner Winterschafweide auch vom Spital Gmünd angeklagt. Nach mehrfachen, sich widersprechenden Urteilen wird festgesetzt, dass Rennwart von Woellwarth berechtigt ist, die Winterweide mit höchstens 900 Schafen zu benützen, wie seine Vorfahren dies ebenso getan haben; weder die Pfleger des Spitals zu Gmünd noch deren Untertanen zu Lautern dürfen ihn daran hindern.[27]

Mit der Stadt Aalen gibt es Streit wegen der Winterweide und des Wintertriebs auf der Weide rund um den Schnaitberg, der seit 1534 der Stadt Aalen gehört. Der Streit wird 1537 zwischen Georg Heinrich von Woellwarth (#142) und dem Rat der Stadt Aalen wie folgt beigelegt: Die woellwarthschen Schafknechte dürfen ihre Schafe auch außerhalb des Hangs am Schnaitberg treiben, jedoch nicht über eingesäte Felder. Der Bauer vom Schnaitberg hat für den Schaftrieb entsprechende Lücken zu lassen. Der Trieb soll jeweils 14 Tage vor dem 24. April (Georgi) beendet sein. Im Gegenzug soll der Bauer zu

Schnaitberg mit seiner neu eingerichteten Bewässerung frühestens 14 Tage vor dem 24. April beginnen.[28]

Weideverletzungen werden durch den vorerwähnten Ritter Georg Heinrich von Woellwarth gelegentlich auf sehr rabiate Weise eigenhändig bestraft. Als die Gebrüder Hans und Lienhard Lößlin, Ulmer leibeigene Untertanen von Steinenkirch, 1548 mit einer Wagenladung Bretter auf dem Heimweg von Abtsgmünd sind, sie fuhren die Essinger Steige hinauf über das Wehrenfeld entlang der Straße von Lauterburg nach Bartholomä, werden sie bei den großen Eichen von Georg Heinrich von Woellwarth „landfriedenbrüchig überfallen und durch Schwerthiebe verwundet, weil sie vom rechten Weg abgewichen und über seine Wiese gefahren sind". Die Klage von Bürgermeister und Rat der Stadt Ulm gegen Georg Heinrich von Woellwarth wird beim Reichskammergericht eingereicht.[29]Der Ausgang des Verfahrens ist nicht bekannt.

Auch mit der Gemeinde Essingen entstehen ständig Differenzen wegen dem Weidgang der Schafe. Knapp ein Jahr vor seinem Tode am 3. September 1569 schlichtet Georg Reinhard von Woellwarth (#147) noch eine Reihe von Streitigkeiten mit den Vierleuten und der ganzen Gemeinde zu Essingen wegen Holz, Grund und Boden, Trieb, Trab, Weidgang und strittigen Grenzzeichen. Herzog Christoph zu Württemberg hatte einst am Holz Banwang (Junkerbannwang) eine Vermarkung seines Besitzes mit dem bereits verstorbenen Hans Konrad von Woellwarth (#154) vereinbart. Trotzdem hatte

Hans Konrad von Woellwarth etwa acht Jahre lang die strittigen Grenzzeichen, Lauchen genannt, zwischen seinem Besitz und dem seiner Untertanen erneuern lassen. Umstritten sind jene Grenzzeichen, die einst Heinrich von Woellwarth (#131) schlagen, dann aber auf Einspruch des Forstmeisters zu Heidenheim, Hans Baier, wieder ausschlagen ließ. Die Unterhändler der Parteien erklären nun die Grenzzeichen für gültig, die von Württemberg und Königsbronn anerkannt werden: Was an dieser Grenze gegen Tauchenweiler zu liegt, gehört denen von Woellwarth, was auf der anderen Seite liegt, den beteiligten fremden Herrschaften und der Gemeinde Essingen. Die von Georg Reinhard von Woellwarth angewiesenen Grenzzeichen von der Essinger Weide bis hinauf nach Irmannsweiler werden als woellwarthsches Eigentum anerkannt, doch behält die Gemeinde dort den bisherigen Weidegang. Das Triebrecht der Gemeinde Essingen auf dem Weidgang von den Lichten Eichen talabwärts gegen Fachensol, der nach Meinung von Georg Reinhard von Woellwarth dem Hofgut Tauchenweiler zu nahekommt, wird bestätigt. Die Schafe der Herrschaft Lauterburg dürfen zwischen dem 24. April (Georgi) und dem 11. November (Martini) in Richtung Waldstetten nicht vor das Wehrenfelder Holz getrieben werden. Der Herrschaft steht es jedoch frei, sie auf ihrer Weide zu weiden und in ihrem Weihersee zu waschen. Seitens der Gemeinde geloben die Vierleut Michael Bentz, Georg Krencklen, Hans Koch und Hans Marx, diesen Vertrag zu halten.[30]Bis zum Jahre 1596 ergeben sich trotz dieses Vertrages erneute Streitigkeiten, die zu einer weiteren Vereinbarung am 19. Juli 1596 führen: Das strittige Weidegebiet auf der Heide zwischen Bartholomä und Irmannsweiler gehört mit hoher und niedriger Obrigkeit dem jeweiligen Inhaber von Lauterburg, derzeit Georg Wolf von Woellwarth (#166). Da es allerdings gemeine Weide der Einwohner von Essingen, Lauterburg und Bartholomä ist, darf die Herrschaft es künftig nicht mehr pflügen und bebauen lassen.[31]

Beim Rückkauf von Heubach und Rosenstein durch Württemberg im Jahre 1579 und dem dadurch eingetretenen Herrschaftswechsel kommt es beispielsweise wegen Benützung der Winterweide ebenfalls zu heftigen, langen Auseinandersetzungen zwischen den bisherigen und den neuen Obrigkeiten, die erst am 23. Januar 1582 geschlichtet werden. „In Abwesenheit und im Auftrag seiner durch Krankheit verhinderten Mitvormünder Heinrich Steinhäuser von Neidenfels zu Rechenberg und Jörg von und zu Neuhausen beschließt Christoph von Degenfeld zu Hoheneybach und Neuhaus, Haushofmeister zu Stuttgart, als Vormund der Söhne des verstorbenen Georg Reinhard von Woellwarth (#147) auf einem für den 19. Januar 1582 angesetzten Tag zusammen mit dem Advokaten Dr. Johann Baptist Kröttlin in Vormundsachen folgenden Abschied: Als Inhabern von Lauterburg steht denen von Woellwarth die Winterweide auf dem Albuch offen. Der Vogt zu Heubach wird ihnen deshalb die auf der Weide Längenfeld zu Unrecht gepfändeten vier Schafe zurückgeben. Die woellwarthschen Schäfer werden angewiesen, diese Weide weiter zu besuchen.[32]

Am 18. Juni 1607 wird zwischen Georg Wolf von Woellwarth (#166) und dem Kloster Königsbronn eine Konklusionsschrift erstellt, die den Viehtrieb des dem Kloster Königsbronn zugehörigen „Hoff Stürzl", zwischen Königsbronn und Itzelberg gelegen, regeln soll. In dieser Schrift wird unter anderem vermerkt, „dass die Königsbronnschen neben dem Wollenberg hinüber nach Schwarzweiler[33] auf die Mäder und Gärten bei der Sulz, von da an das Schwarzweilertal herab bis an das lange Brenztal (Große Brenztal) berechtigt seien und dass das Kloster Königsbronn wie auch die Inhaber des Hofes Stürzel nicht befugt seien, mit ihrem Vieh und Schafen von der Sulz weiter hinaus über die Siberwangheide bis zu den Wacholderbüschen (Wacholderplatte?) die Weiden zu besuchen, sondern geradewegs bei der Sulz wieder Richtung Kloster umkehren sollen."[34]

1736 erfolgt eine umfangreiche Untersuchung gegen verschiedene Schäfer wegen unbefugter Benutzung der Weiden der zu Neubronn gehörenden beiden Kolbenhöfe und des Weinschenkerhofes.[35]

In den Jahren 1779 bis 1780 entstehen erneut Differenzen mit der Reichsstadt Aalen, nachdem die Aalener Untertanen Andreas Sautter, Bauer auf dem Pompelhof, und der Aalener Stadtschäfer ihre Schafe unberechtigterweise auf den Essinger Schafweiden gehütet hatten.[36]

Am 16. Juli 1810 wird durch einen so genannten Triebbrief der Schaftrieb von Lauterburg zu den Weiherwiesen wie folgt geregelt: „Der Trieb von der Eckstelle bis zu den Essinger Weihern geht zwischen dem Weiherwald in dem gemeinen Viehtrieb zu den Weihern, von da zurück vom nämlichen Weiher oder an der Wiese hinauf durch das degenfeldsche Wehrenfeld und dann zwischen dem letzteren und dem woellwarthschen Wehrenfeld in dem alten Trieb fort gegen das Eckmahd des Johannes Baßler von Lauterburg.“[37]

1822 beginnt ein Rechtsstreit zwischen den woellwarthschen, degenfeldschen und neubronnschen Gutsherrschaften gegen den Schultheißen, den Gemeinderat und den Bürgerausschuss von Essingen um die Besitzrechte an den Schafweiden auf dem Stürzel (Stirzel), im Siberwang sowie auf der Wiere.[38]

Am 22. Juni 1832 ergeht durch das Königliche Oberamtsgericht Aalen in einer langen Rechtssache des freiherrlich woellwarthschen Rentamtes (Kläger) gegen die Gemeinde Essingen (Beklagte) wegen Erfüllung eines Vertrages auf Bezahlung eines Schafweid-Pachtschillings aus der Allmend im so genannten Birken und Teich das Urteil, „dass die beklagte Gemeinde von der Klage zu entbinden sei unter Verurteilung des Klägers, sämtliche Kosten des Verfahrens zu tragen, es sei denn, der Kläger könnte beweisen, dass die beklagte Gemeinde mit ihr einen Vertrag dafür abgeschlossen habe, dass sie dem Kläger den Schafweid-Pachtschilling aus der Allmend Birken und Teich abtreten wolle.“ Nachdem keine weiteren Gerichtsunterlagen vorhanden sind, ist davon auszugehen, dass ein solcher Nachweis seitens des Rentamtes nicht erbracht werden konnte.

1839 bis 1844 läuft eine Klage des Rentamts Essingen vor dem Oberamtsgericht Aalen gegen die Teilhaber des Pächters des Lauterburger Schäfereiguts Georg Wöger aus Essingen, Daniel Grimm und die Witwe des Johannes Ruf aus Lauterburg sowie Martin Weiler aus Essingen wegen rückständiger Pachtgeld- und Darlehensschulden.[39]

Das nach der Mediatisierung und Säkularisierung erfolgte Ende der Reichsritterschaft, der Verlust der Selbstständigkeit und die nachfolgenden

Veränderungen und Probleme durch den Herrschaftswechsel im Jahre 1809

sind wohl mit die Gründe für vermehrte Streitigkeiten auch um die Schafweiden. Mit dem endgültigen Eintritt der württembergischen Landeshoheit auf dem woellwarthschen Gebiet im Jahre 1809 verändern sich schnell alle politischen, wirtschaftlichen und gesellschaftlichen Pfeiler einer über viele Jahrhunderte dauernden Herrschaft der freiherrlichen Familie. Essingen wird neben Hohenroden, Birkhof, Forst und Dauerwang dem königlichen Oberamtsbezirk Aalen zugeteilt. Hermannsfeld und Zollhof gehen für einige Zeit zum Bezirk Gmünd und werden Mögglingen zugeschlagen. Die

Binnenzölle werden abgeschafft, die Herrschaft Woellwarth verliert damit auch ihre bisherigen Einkünfte aus den Zoll- und Wegegebühren für durchgeführtes fremdes Vieh sowohl im Dorf Essingen als auch auf der Landstraße am Hemling (Zollhaus). Auch die Strafgelder wegen verübtem Feld- und Weidfrevel, die den Herren von Woellwarth zu 2/3 zustanden, fallen weg. Nicht zuletzt wird auch die württembergische Maß- und Gewichtsordnung eingeführt, wozu das Haus Woellwarth der Regierung in Stuttgart Auskunft über die bisher in ihrem Gebiet gebräuchlichen Maße und Gewichte abzugeben hat.[40]Württemberg überlässt den Herren von Woellwarth-Lauterburg weiterhin das Schloss Hohenroden mit den bisher dazugehörenden Gütern als württembergisches Lehen sowie das Recht auf Benennung und Verleihung eines Kirchenamtes.

Dieser komplizierte, in sich widersprüchliche Sachverhalt in der Anfangsphase des Herrschaftswechsels führt zwangsläufig zu Meinungsverschiedenheiten zwischen der Grundherrschaft, der bürgerlichen Gemeinde und dem Kirchenkonvent. Es folgen daher vermehrt teils langwierige Prozesse um alle möglichen Dinge wie die erwähnten Schafweiden oder beispielsweise um das Kirchen-, Begräbnis- und Armenwesen. Ein Gerichtsverfahren über die Schulhausbaulast wird erst 1854 durch einen Vergleich beendet.[41] Die Zehnten werden in den Jahren 1848 und 1849 endgültig abgelöst. Nach dem Gesetz vom 18. Juni 1849 erfolgt die Eingliederung der bisher freien woellwarthschen Besitzungen in die jeweils zuständige Nachbargemeinde. Die Freiherren von Woellwarth-Lauterburg kommen zum Gemeindeverband Essingen und wirken bei der Ausarbeitung der neuen Ortsstatuten für die neue Gesamtgemeinde mit.[42] 1871 erfolgt die Gründung des Deutschen Reiches. In Berlin wird am 3. März 1871 der erste deutsche Reichstag gewählt, dem Georg Wolf von Woellwarth (#233) für den Wahlkreis Gmünd-Göppingen von 1881 bis 1887 angehört.

Seit 1878 Mitglied der Tarifkommission der Deutschen Eisenbahnen, von 1890 bis 1905 Mitglied des Bürgerausschusses und 1906 bis 1911 Mitglied des Gemeinderates wird er 1913 zum Ehrenbürger der Gemeinde Essingen ernannt.

Ehrenbürger Georg Wolf von Woellwarth

Viehseuche durch Wanderschäferei

Durch die Wanderschäferei werden natürlich auch Krankheiten wie die Räude oder andere ansteckende Krankheiten in das woellwarthsche Gebiet eingeschleppt.

In einem Verzeichnis über den Nachlass von Steuern an den Ritterkanton Kocher des Jahres 1744 sind die woellwarthschen Untertanen aufgeführt, denen „wegen crassierender Viehseuch anno 1743 von hochlöblicher Ritterschaft" eine Steuerminderung gewährt wurde. In einem Nachsatz ist vermerkt, „dass auch die woellwarthschen Untertanen in Röthart zu dem Nachlass wegen der Viehseuch 48 Gulden 16 Kreuzer abgerechnet haben, dazu für den Ritterschaftsboten, als er den Nachlass hergebracht hat, 3 Kreuzer Botenlohn."[43]

Solche Einnahmeverluste wegen Entschädigung ihrer Untertanen führen zwangsläufig ebenfalls zu Streitigkeiten zwischen den betroffenen Grundherrschaften, die nicht selten auch in langen Gerichtsverfahren enden.

Bereits am 6. Oktober 1708 wird zwischen den woellwarthschen und degenfeldschen Herrschaften eine vertragliche Vereinbarung geschlossen, sich im Falle von Schafseuchen gegenseitig schadlos zu halten.[44]

Bezüglich der grenzüberschreitenden Wanderschäferei und des Viehhandels schreibt der woellwarthsche Amtsvogt Ernst Friedrich Wagner am 2. Juni 1767 an die benachbarten Herrschaften:

„Nachdem sich zwischen den diesseitig herzoglicher und anderer benachbarter Herrschaften Untertanen in Ansehung des Viehhandels dadurch vielfältige Streitigkeiten ergeben haben, weil man in der Bestimmung der Hauptmängel ganz unterschiedlichen Grundsätzen gefolgt ist und meines gnädigsten Herrn herzogliche Durchlaucht zu Abschneidung der hieraus erfolgten Inconvenienzien (Nachteile) wegen Aufstellung eines gemeinschaftlichen Regulativs sich mit denen Vorderösterreichs und fürstlich baden-badischer Herrschaften bereits einverstanden habe, wurde von mir Nachricht verlangt, wie es diesfalls in den herzoglichen Landen bisher gehalten worden sei, worauf ich mich aber in Ermangelung eines gewissen Regulativs bisher mit keiner Zuverlässigkeit herauslassen konnte. So soll es nicht mehr daran ermangeln, in nachbarlicher Freundschaft hierdurch geziemend zu avertieren (aufmerksam machen), dass in Gefolge eines den 17. Februar ergangenen und gestern allhier eingelassenen herzoglichen General Rescripts folgendes Recht gesetzt worden ist, wonach in judicando darauf zu achten ist, dass bei den Schafen die nassen und trockenen Hände oder der so genannte Anbruch als ein Hauptmangel angesehen werden und deshalb von dem Verkäufer zwei Wochen und ein Tag Gewährschaft geleistet werden, dem Käufer überhaupt frische und gesunde Ware geleistet werden, widrigenfalls aber allen Schaden auf sich zu leiden haben soll. Markt Essingen, 2. Juni 1767, Amtsvogtei allda."[45]

Im späteren Königreich Württemberg mussten die Schäfer so genannte Wanderurkunden mit sich führen, in denen der Gesundheitszustand der Tiere nach gründlicher Untersuchung durch den zuständigen Oberamtstierarzt eingetragen wurde. Nur gesunde Tiere durften mit auf die Wanderschaft genommen werden. „Der Inhaber gegenwärtiger Urkunde hat mit der seiner Führung anvertrauten Herde täglich wenigstens drei bis vier Stunden Weges in möglichst geradester Richtung zurückzulegen und zu dem Ende überall, wo er übernachtet, solches hierunter durch den Ortsvorstand bezeugen zu lassen, nach seiner Ankunft am Orte der Bestimmung aber die Urkunde dem dortigen Ortsvorsteher zu übergeben“, wie es unter anderem in der Wanderurkunde heißt.

Die Wanderschäferei unterlag nun also strengen Auflagen. Flurschäden wurden rigoros bestraft und in die Wanderurkunde eingetragen. Da der Schäfer sich täglich beim örtlichen Schultheißenamt zu melden hatte, beachtete er in aller Regel peinlich genau die bestehenden Vorschriften, um keine Strafeintragung in seinen Wanderpass zu erhalten.

Württembergisches veredeltes Landschaf als neue Rasse anerkannt

Im Jahre 1785 lässt Herzog Carl Eugen in Spanien die durch ihre feine Wolle beliebten Merinoschafe kaufen. Im September 1786 erreichen die Schäfer unter der Leitung des 29-jährigen Schäfermeisters Friedrich Gallus aus Lienzingen nach einem abenteuerlichen und mehr als 2.000 Kilometer langen Schaftrieb mit über 100 spanischen Merinoschafen Münsingen auf der Schwäbischen Alb. Die Merinoschafe werden in der Folge mit dem württembergischen Landschaf gekreuzt; in Kirchheim unter Teck entwickelt sich danach der größte Wollmarkt Süddeutschlands. Das Ergebnis der Kreuzung wird zuerst als „Bastardschaf“ bezeichnet, später dann unter dem Namen „Württembergisches veredeltes Landschaf” als neue Rasse anerkannt, die durch seine hervorragenden Eigenschaften auch im woellwarthschen Bereich rasche Verbreitung findet. Heute wird dieses Schaf als „Deutsches veredeltes Landschaf” bezeichnet.[46]

1807 hat Essingen noch zehn Schäfer

Die Gewerbeliste, welche das woellwarthsche Vogtamt zu Essingen auf Anforderung der königlichen Kreisregierung in Ellwangen im Jahr 1807 aufgestellt und eingereicht hatte, weist für die Schultheißerei Essingen noch zehn Schäfer aus:[47]

<u>Bihr Johann,</u> Schäfer und Dienstknecht, Kazenbach Nr. 120, bewohnt das zweistöckige Wohnhaus im Eigentum der Grafen von Degenfeld zur Hälftc.

<u>Gösele Jakob,</u> Vorstadt Nr. 182, bewohnt das zweistöckige Haus mit einem Anbau zusammen mit dem Taglöhner Filip Staudenmaier, der Schäfereibetrieb ist gering.

Henne Baltas, bewohnt ein zweistöckiges Wohnhaus im Eigentum der Freiherren von Woellwarth im Seltenbach Nr. 140.
Kübler Andreas und Kübler Kaspar, in einem zweistöckigen Wohnhaus Gaisgasse 53, ihr Schäfereibetrieb ist gering.
Mayer Ulrich, bewohnt ein zweistöckiges Wohnhaus im Eigentum der Freiherren von Woellwarth in der Bartsgasse Nr. 207.
Schleicher Mattes, bewohnt ein zweistöckiges Wohnhaus im Eigentum der Freiherren von Woellwarth in der Bartsgasse Nr. 207a.
Wiedmann Georg, bewohnt ein zweistöckiges Wohnhaus Im unteren Dorf Nr. 43.
Winkler Georg, Schäfer und Dienstknecht, wohnhaft Bei der Mühle Nr. 8 ½ in einem zweistöckigen Anbau am Haus des Taglöhners Jakob König Nr. 8.
Zeller Josef, bewohnt ein einstöckiges Haus im Eigentum der Freiherren von Woellwarth zur Hälfte.

1816 - Schafe als Hochzeitsgeschenk für Kronprinz Wilhelm von Württemberg und Großfürstin Katharina Pawlowna

Am 30. Mai 1816 verhandelt die Amtsversammlung des Oberamtes Aalen unter Federführung des Oberamtmanns Röslin über den Vorschlag der Kreisregierung in Ellwangen für ein passendes Hochzeitsgeschenk für das Kronprinzenpaar Wilhelm von Württemberg[48] und die Großfürstin Katharina Pawlowna von Russland[49], das nach der Hochzeit am 24. Januar 1816 in St. Petersburg am 23. April in Stuttgart einzog.

Dem Protokoll der Amtsversammlung Aalen ist zu entnehmen, dass sich die Teilnehmer dem allgemeinen Landestrend für ein Geldgeschenk nicht angeschlossen haben und sich für ein heimisches Produkt aussprachen. Nachdem die hiesige Gegend aber nicht allzu viele Produkte aufzuweisen hatte, die sich für ein Hochzeitsgeschenk für den künftigen Landesvater eignen würden, entschied sich die Versammlung aufgrund der hier weit verbreiteten, traditionsreichen und erfolgreichen Schafzucht, den Neuvermählten 24 spanische Schafe, 24 Lämmer und einen Stier zu schenken.

Im Amtsversammlungsprotokoll ist weiter festgehalten, dass zum Einkauf der Tiere der Aalener Bürgermeister Roschmann und der Essinger Schultheiß Johannes König, der im Zuge der Aufhebung der Patrimonial-Gerichtsbarkeit im Jahre 1809 vom Amtsbürgermeister zum Stabschultheißen ernannt wurde, auserwählt und ihnen der Auftrag gegeben wurde, „mehrere der feinsten Schäfereien der hiesigen Gegend in Augenschein zu nehmen und die schönsten Stücke auszulesen.“ Die Preisverhandlung für die Schafe wurde den beiden Beauftragten überlassen. Für den Transport der allerfeinsten, zuvor reinlich gewaschenen Tiere wurde beschlossen, diesen durch einen erfahrenen Schäfer unter Aufsicht des Schultheißen König erfolgen zu lassen, wobei sich der Schäfer mit weißer Leinwand zu kleiden, sich und die Schafe mit Bändern zu zieren und die Tiere bei Ankunft in Stuttgart nochmals zu waschen hat.

Die Schafherde wurde vom Besitzer des Schnaitbergs, Generalmajor und Geheimrat Theobald von Kerner, um 550 Gulden erworben. Theobald von Kerner, ein Bruder des Dichters Justinus Kerner, erwarb den Schnaitberg, als dieser 1813 mit dem Ende der Freien Reichsstadt Aalen an Württemberg fiel und in freies Eigentum überführt wurde. Kerner versetzte den Hof wieder in einen guten Zustand, legte Obstgärten an, kaufte Felder, baute das heute noch vorhandene Wohnhaus mit dem Giebel und den beiden Erkern und erreichte die Zuteilung des bisher nach Unterrombach gehörenden Schnaitbergs zur Schultheißerei Essingen.

Die Ausstattung des Schäfers und die Kosten für den Transport der Tiere beliefen sich auf 161 Gulden 2 Kreuzer. Dazu machten Bürgermeister Roschmann 123 Gulden und der Essinger Schultheiß König 15 Gulden 48 Kreuzer geltend. Die veranschlagten Kosten von 750 Gulden wurden also mit den tatsächlichen Ausgaben in Höhe von 738 Gulden 51 Kreuzer knapp unterschritten und unter dem Ausgabetitel „Hochzeitsverehrung des Kronprinzen“ auf alle altsteuerbaren Einwohner, das sind die 1802/1803 zu Württemberg gekommenen Untertanen, sowie die neusteuerbaren, das sind die 1806 zu Württemberg gekommenen Untertanen im Oberamt Aalen einschließlich des freiherrlichen Rentamtes Essingen, umgelegt. Die Übergabe der Schafe erfolgte in Stuttgart übrigens durch Herrn Gok, dem Repräsentanten des Oberamtes Aalen.[50]

Beschreibung der Schäfereigüter 1819

Nach der Gebäudeaufnahme 1819 werden die Schäfereigüter wie folgt beschrieben:[51]

Lauchkling, 1 Schafhaus mit einem einstöckigen Wohnhaus, Eigentümer Gutsherrschaft von Woellwarth.

Schönburren, 1 Schafhaus, Eigentümer Gutsherrschaft von Woellwarth.

Schwegelhof, 1 Schafhaus mit einem einstöckigen Wohnhaus, Eigentümer je ½ Woellwarth und Degenfeld.

Lix, 1 Schafhaus und einem einstöckigen Wohnhaus, Eigentümer 3/8 Woellwarth, 5/8 Neubronn.

Schafzählungen auf Essinger Gemeinde in den Jahren 1820 und 1821

Am 15. Mai 1820 wird vom Gemeinderat und Bürgerausschuss beschlossen, die auf der hiesigen Gemeinde laufenden Schafe abzuzählen. Dies erfolgt sogleich am nächsten Tag und alle Schafe „von Stück zu Stück abgezählt haben sich an Schafzahl erfunden 1.728 Stück.“ Da nach den neuen Bestimmungen die Schafzahl auf der Gemeinde auf 1.500 Stück festgesetzt worden ist, wird der Ortsvorsteher beauftragt, die Schafhalter anzuhalten, die 228 hier nicht berechtigten Stück Schafe auf eine andere Weide zu bringen und selbige nicht mehr auf Essinger Gemarkung zu weiden. Im Wiederholungsfalle würden sonst von Seite des Gemeinderats die gehörigen Maßregeln getroffen werden.[52]

Am 30. April 1821 erfolgt von einigen Mitgliedern des Gemeinderates und des Bürgerausschusses erneut eine Schafabzählung. Dabei wird festgestellt, dass von Herrn Christian Foehr aus Stuttgart zu viele Schafe auf Essinger Gemarkung geweidet werden, anstatt 1.000 Stück hat er die Summe von 1.251, also 251 Stück zu viel. Der Gemeinderat beschließt, den Schafhalter Foehr in Stuttgart in Kenntnis zu setzen, seine zu viel laufenden Schafe in kurzer Zeitperiode von der Weide zu entfernen oder sich auszuweisen, von wem er die Gerechtigkeit erhalten hat, mehr als 1.000 Schafe weiden zu dürfen. Auch beim Blümleswirt Filipp Weiler, der 500 Stück auf die Weide bringen darf, haben sich 33 Stück zu viel gefunden, welche ebenfalls nicht gelitten und geduldet werden können.[53]

Gutsherrschaft Woellwarth kauft Adlerwirtschaft und Pferchrechte in Bartholomä

1846 erfolgt die Neuerbauung der abgebrannten Adlerwirtschaft in Bartholomä durch die Spar- und Leihkasse Heidenheim. Am 27. August 1847 kauft die woellwarthsche Gutsherrschaft diese unter Federführung des Werkmeisters Härle aus Königsbronn neu erbaute Wirtschaft mit den zugehörigen Gütern im Gewann Laubenhardter Berg, in der Wirtsgasse und auf der Marktwiese samt dem Recht über 72 Pferchnächte für 370 Schafe. Auch hier kommt es zu Differenzen wegen Einbehaltung der Restschuld von 494 Gulden zum Ausgleich von erlittenen Verlusten wegen Verminderung des Pferchrechts durch die pferchpflichtige Gemeinde Bartholomä in den Jahren 1853 bis 1854.[54]Mit der Wirtschaft und den jeweiligen Pächtern hatte die Gutsherrschaft von Woellwarth übrigens kein besonderes Glück. Der erste Pächter Caspar Junginger missachtete zuerst die Bezugspflicht des Bieres von der woellwarthschen Brauerei in Hohenroden, dann kam es 1849 zu Rückständen des Bier- und Pachtgeldes und letztlich zur Zwangsversteigerung. Der Nachfolger Nikolaus Schiffler aus Plüderhausen wurde bereits 1851 wieder aus dem Pachtvertrag entlassen, nachdem er das Pachtgeld von 500 Gulden nicht bezahlen konnte. Nach einem heftigen Wolkenbruch am 12. Mai 1853 mit schweren Schäden an der Wirtschaft musste die Pacht gemindert werden. 1854 wurden einige Güter sowie die Sommerschafweide auf der Heide und dem Ammertsbühl an verschiedene Einwohner von Bartholomä verpachtet.[55]

1862 erhält Jakob Holz einen Dienstvertrag als Gutsaufseher in der von Woellwarth selbst verwalteten Adlerwirtschaft mit zugehörigem Gut, nachdem er zuvor Gutspächter auf dem Amalienhof war.[56]

1865 kauft die woellwarthsche Gutsherrschaft vom Bartholomäer Schäfer Johannes Magenau dessen Wohnhaus mit Scheuer. Auch erst einige Jahre zuvor an Magenau verkaufte über zehn Morgen

Güter auf der Lauterburger Heide[57]werden von Woellwarth zurückgekauft.[58]

Degenfeld verkauft 1833 ihren Essinger Anteil an der Sommerschafweide an die Realgemeinde Essingen

Die Schafweiden gehörten ursprünglich nur der Grundherrschaft von Woellwarth und Degenfeld sowie den Rittergutsbesitzern von Gemmingen-Werneck zu Neubronn. Nachdem die Realgemeinde Essingen den 1/3- Anteil der Rittergutsbesitzer zu Neubronn bereits 1825 erwarb[59], verkauft nun auch die gräflich degenfeldsche Gutsherrschaft (Rentamt Degenfeld Schomberg in Eybach) am 7. März 1833 für 5.000 Gulden an die Realgemeinde Essingen den ihr ebenfalls zustehenden dritten Teil an dem mit der freiherrlich von woellwarthschen Gutsherrschaft und der Gemeinde Essingen gemeinschaftlich besitzenden Sommerschafweidrecht auf der dortigen Markung samt dem dazu gehörenden bisher üblichen Pachtgenuss. Die Winterschafweide dagegen behält die degenfeldsche Gutsherrschaft in ihrem bisherigen ganzen Umfange für die Anzahl Schafe, die auf den Wiesen der Lix und dem Schwegelhof überwintert werden können.[60]

Ob der Verkauf des degenfeldschen Anteils an der Sommerschafweide eine Folge des ständigen Streites zwischen den drei Besitzern war, ist nicht gesichert, kann aber angenommen werden. Jetzt ist nur noch die Grundherrschaft von Woellwarth mit 1/3 an der Schafweide beteiligt.

In einem Abkommen zwischen der Realgenossenschaft und der Ortsgemeinde Essingen vom 4. April 1868 wird von der politischen Ortsgemeinde zugesichert, dass gegen eine Abfindungssumme von 9.000 Gulden an die Gemeinde alles vorhandene ungeteilte Vermögen an Feldgütern, Waldungen und vor allem die Schafweidegerechtigkeit im Eigentum der Realgenossenschaft verbleibt.[61]

Mitweide auf den Essinger Schafwiesen und Schafweiden

Im woellwarthschen und gemeinschaftlichen Rechnungs-Prämissenbuch von 1805 wird die Sommerweide und die Mitweide des Essinger Rindviehs und der Schafe auf den Essinger Schafwiesen- und Weiden beschränkt, die teilweise auch mit der degenfeldschen und neubronnschen Schäferei gemeinschaftlich sind.[62]
„Von Georgi bis Martini auf der ganzen Essinger Markung und zwar Brachacker, Wiesen von Gallustag anfangend, mit Ausschluss der zur Winterweide bestimmten Schafwiesen, Mäder von Jacobi an, wenn sie geheuet sind, Gemeindswaldungen, solange sie nicht verbannt sind, nämlich vom 1. Laub an und private Untertanenhölzer und Viehweiden. Auf sämtlich vorbemerkten Plätzen hat das Essinger Rindvieh allenthalben die Mitweide. Von einer Mitweide des Rind- oder Schafviehs vom Osterbuch ist weder in diesem Prämissenbuch noch sonst in einem Aktenstück die Rede."

Rentamtmann Carl Friedrich Wagner bestätigt und beurkundet am 17. November 1835 dieses Recht der Mitweide des Essinger Rindviehs und der Schafe, wie dies 1805 so vereinbart wurde.[63]

In einer Aufstellung des Rentbeamten Maximilian Heinrich Gleich aus dem Jahre 1819 sind unter den Besitzungen der Gült- und Lehensleute sowie der darauf haftenden grundherrlichen Lasten die Essinger Schafweiden konkret beschrieben:

<u>Sommerweiden von Georgi bis Martini</u>
1. auf sämtlichen nicht erwähnten Plätzen hat das Essinger Rindvieh allenthalben die Mitweide.
2. Bei dem den hiesigen Einwohnern Abel Baßler[64] und Melchior Gößele gehörenden Falkenberg und Theußenberg hat es die Beschränkung, dass die herrschaftlichen Schafe, so wie das Gemeinderindvieh nur erst von Jacobi an diese beiden Plätze beweiden dürfen, indem von Georgi bis Jacobi die Inhaber dieser falllehenbaren Grundstücke die Weide darauf mit Rindvieh, nicht aber mit Schafen, da die Schäfereigerechtigkeit der Grundherrschaft allein und ausschließlich zusteht, zu beweiden berechtigt sind. Weiterhin hat die Grundherrschaft auf der ganzen Essinger Markung das Sommerweiderecht für ihre Schafe und zwar auf den Brachäckern, Wiesen und Mähdern von Gallustag anfangend, mit Ausnahme der zur Winterweide bestimmten Schafwiesen, sowie in den Gemeindewaldungen und den privaten Untertanenhölzern und Viehweiden.

Winterweiden von Martini bis Georgi

Sämtliche hiesige Schafwiesen, worauf aber die Lauterburger und Heubacher Schafe die Mitweide haben, die Essinger Äcker und Wiesen, die Gemeindehölzer und der Birkhof, die zur Grundherrschaft gehörenden Höfe Oberkolbenhof, Unterkolbenhof und Weinschenkerhof,
Forst, das zu ¼ Württemberg, zu 2/4 Woellwarth und zu ¼ den Fuggern gehört, Pompelhoffeld, württembergisch und am Schradenberg liegend, Dauerwang und die Mantelhöfe, die zur Herrschaft Laubach gehören.
Die Grundherrschaft Woellwarth besitzt auch ein Hirtenhaus zu Forst, es handelt sich um das Haus Nr. 9, im Güter- und Steuerbuch unter der Nummer 86b eingetragen.[65]

Schafweidpachtschilling aus der Allmend von Birken und Teich

1832 klagt das freiherrlich von woellwarthsche Rentamt Essingen gegen die Gemeinde Essingen auf Erfüllung eines Vertrages zur Bezahlung eines Schafweide-Pachtschillings aus der Allmend im so genannten Birken und Teich. Das Königliche Oberamtsgericht Aalen weist die Klage am 22. Mai 1832 ab und verlangt den Beweis darüber, dass ein Vertrag bestehe, der die Gemeinde verpflichtet, aus der Allmend im Birken und Teich einen Schafweid-Pachtschilling bezahlen zu müssen. Dem Rentamt werden alle Kosten des Verfahrens aufgebürdet. Am 1. Juni 1832 teilt die Gemeinde dem Oberamtsgericht Aalen jedoch mit, dass das freiherrlich von woellwarthsche Rentamt seinen Schäfern trotz der Klagabweisung den Auftrag gegeben hat, den streitgegenständlichen Platz zu beweiden und bittet abschließend, dem Rentamt Essingen dies bei Strafe zu verbieten. Bereits am 2. Juni 1832 erfolgt der Beschluss des Oberamtsgerichtes Aalen, „dass dem Rentamt Essingen während des Prozessverlaufes jede eigenmächtige Beweidung des Platzes untersagt wird“.[66]

1854 hat Essingen 1884 Einwohner

Zusammen mit den Außenhöfen beträgt 1854 die Zahl der Einwohner 2130, Essingen ist eine Gemeinde II. Klasse. Die Hauptbeschäftigung der Bewohner bilden Ackerbau und Viehzucht, wozu eine Gewerbetätigkeit von rund 150 Meistern in der Gemeinde hinzukommt. Es wird vor allem Dinkel und Haber angebaut, auf den Bergen Hülsenfrüchte und Esper, Raps und Hanf. Es herrscht Dreifelderwirtschaft, in der Brache werden Klee und andere Futterkräuter angebaut, gepflügt wird mit dem flandrischen Pflug. Es ist durchgängig die Stallfütterung eingeführt und das Vieh steht in voller Gesundheit, die vorherrschende Rinderrasse ist die Limburger. Schafe sind sehr zahlreich, die Pferdezucht dagegen unbedeutend. Bienenstöcke gibt es etwa 400. Gärtnerei und Obstkultur wird mit Erfolg betrieben und das Gemüse wird bis nach Gmünd, Ulm und Stuttgart geliefert. So beschreibt der ehemalige Rentbeamte Wagner die Situation von Essingen im Jahr 1854.

Weiherwiesen -
Schafweide und Schafwaschplatz[67]

Das Quellvorkommen sowie das Vorkommen von Bohnerz in den Weiherwiesen westlich von Tauchenweiler hatte schon in der Bronzezeit und in der Hallstattzeit Siedler angelockt, vor allem Hirtenvölker, wie die Grabhügel im Oberen Wehrenfeld beweisen. Jahrhundertelang wurden die Weiherwiesen auf den Markungen Essingen und Lauterburg als Weiden benutzt. Sie gehörten ursprünglich der Grundherrschaft, wurden später zu 2/3 von der Realgemeinde Essingen gekauft, auch die beiden Weiher kamen in den Besitz der Realgemeinde. Das im Besitz der Grundherrschaft von Woellwarth verbliebene Drittel wurde nach und nach aufgeforstet. Das heutige Naturschutzgebiet „Weiherwiesen“ mit seinen zwei Moorseen gehörte ehemals zum Wildbanngebiet „Heidenheimer Forst“, in dem das Haus Württemberg ab 1448 die Jagdhoheit innehatte. Die Weiher waren lange Zeit als Fischwasser verpachtet. Am oberen Weiher befand sich eine stark besuchte Schafwäsche, zu der jedes Jahr 20.000 Tiere und mehr aus der nahen und weiteren Umgebung getrieben wurden, was der Ortsherrschaft beträchtliche Einnahmen bescherte. Neben der Schafwäsche dienten die Weiher auch der Fischzucht und als Viehtränke. Neben der Gemeinde Essingen hatte nur die zur Herrschaft gehörende Gemeinde Lauterburg das Recht, in trockenen Sommern aus den Weihern Trinkwasser zu holen.

Das Hirtenhaus auf dem Weiherplatz

Nach der Steuer- und Güterbuchbeschreibung vom 27. Juni 1759 besitzt die Gemeinde Essingen neben dem Armenhaus in Essingen im unteren Dorf noch „das Hirtenhaus auf dem Flecken auf dem Weiherplatz, worin das junge Vieh den Sommer über zur Nacht gestellt wurde und der Hirte seine Wohnung hat." Weiterhin an Ländern „zwei Tagwerk, an Wiesen vier Tagwerk, an Äckern 71 Jauchert, an Holz und Waldung 16 Jauchert und an Weide 184 Jauchert. Die Weiden bestehen dabei überwiegend aus Buschwerk und schlecht bewachsenem Holz".

197 Gemeinderechtsbesitzer

Die Aufteilung der Gemeinderechte und der jeweiligen Untertanen der Grundherrschaft an diesem sehr mageren Gemeindebesitz sind „Im summarischen Zusammentrag und Taxation aller Collertabilien" genau aufgelistet:

54 Untertanen gehören Philipp Gottfried von Woellwarth (#201), 26 Untertanen den Gebrüdern Philipp Gottfried (#201) und Sebastian (#205) von Woellwarth gemeinschaftlich, 56 Untertanen Ludwig Carl von Woellwarth Essingen (#193), 60 Untertanen den Grafen zu Degenfeld und ein Untertan gehört gemeinschaftlich den Herrschaften Woellwarth-Essingen und Woellwarth-Lauterburg sowie den Grafen zu Degenfeld.

In diesem Dokument werden die 197 Gemeinderechtsbesitzer mit Namen, Beruf und Zahl der Gemeinderechte aufgeführt.[68]

Grasversteigerung im alten Hirtenhaus auf den Weiherwiesen

1788 fand letztmals im alten Hirtenhaus auf den Weiherwiesen die übliche jährliche Grasversteigerung statt. Es wurde dabei eine Kerze angezündet; solange diese niederbrannte, konnten die Gebote abgegeben werden. Im Gemeindearchiv Essingen finden sich einige Protokolle, welche diese etwas seltsame Versteigerungsmethode beschreiben:
„Heute, dato den 29. Juni 1788 ist das Gras auf den beiden Weiherwiesen verkauft worden im selben Jahr, in dem mit dem Bau des Weiherhauses begonnen wurde. Der Verkauf erfolgte auch bei dem brennenden Licht, bei dem Bürgermeister Johann Georg Wirth auf den Aufstreich an den Meistbietenden vergab, solange das Licht brannte. Schäden durch Wetterstreiche oder durch die wilden Schweine sollen dem Käufer keinen Nachlass bringen. Die erste Hälfte ist auf Martini zu bezahlen, die andere Hälfte auf Lichtmess. Weil das Weiherhaus neu gebaut wird, soll der Käufer das Haus räumen, sobald die Handwerker arbeiten können, ob das Futter verkauft oder nicht verkauft sein mag. Leonhard Höltz hat mit 129 Kreuzern Gebot den Kauf erhalten. Die gemeinschaftliche Ratifikation vorstehender Versteigerung des heuer erzeugten Futters auf der Gemeindswiese bei den Weihern beurkundet hiermit der hochfreiherrlich von woellwarthsche Rats- und Amtsvogt Wagner."[69]

1788 wird anstelle des Hirtenhauses das neue Weiherhaus erbaut

Wie aus den Rechnungen über das Weiherhaus - Bauwesen[70] zu entnehmen ist, wurde 1788 der Richter Georg Stitz durch den Essinger Gemeinderat, den Obervogt und dem Gericht zum Aufseher über ein anstelle des bisherigen Hirtenhauses auf der Anhöhe südlich des oberen Weihers neu zu erbauenden Weiherhauses mit Hirtenwohnung und geräumiger Stallung erwählt. Der Essinger Ziegler Georg Mößner liefert zu diesem Hausbau die gebrannten Ziegel und 2.000 Stück große Pflastersteine, die mit 265 Wagen zum Weiherhaus transportiert werden. 1790 werden die Baumaßnahmen abgeschlossen und die Einnahmen und Ausgaben verrechnet.

Das Weiherhaus wird später ein beliebtes Ausflugsziel. An sonnigen Tagen und vor allem an Himmelfahrt und Pfingsten treffen sich die Menschen aus der Umgebung in der dortigen Bier- und Branntweinschenke. Nach dem Pfarrbericht des Jahres 1827 betrug die Einwohnerzahl von Essingen am 1. November 1827 insgesamt 1.682 Personen. Davon waren 1.673 evangelisch und neun katholisch. Das Weiherhaus hatte zu diesem Zeitpunkt neun evangelische Bewohner, für die ein besonderes zehntherrschaftliches Verhältnis galt. Während die anderen Filialen in Beziehung zu den Gülten verschiedenen Herrschaften unterworfen waren, verhielt es sich mit dem Weiherhaus und der Ölmühle wie mit dem Mutterort Essingen: Der Zehnte musste einheitlich an die 6- teilige Gutsherrschaft abgeführt werden.[71]

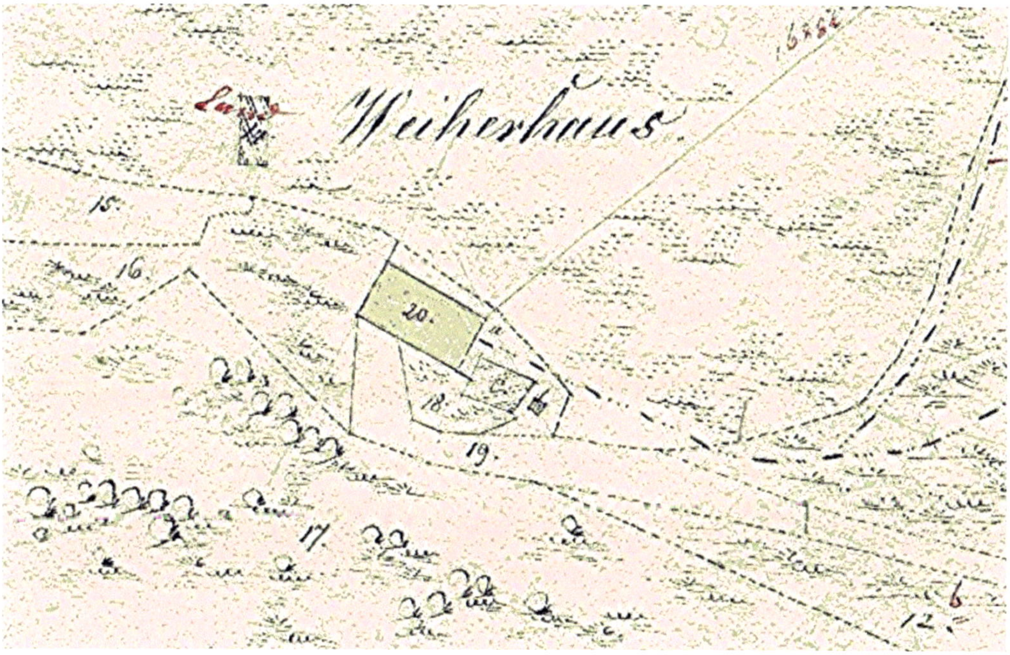

Ausschnitt aus der Urflurkarte der Weiherwiesen 1830.
© 2008 ODR TSG,
Landesvermessungsamt BW. Ostalbmap

Realgemeinde erwirbt 1825 und 1833 zu 2/3 die Schafweide auf den Weiherwiesen

Die Weiherwiesen wurden Jahrhunderte lang als Weideplätze benutzt. Wie bereits erwähnt, gehörten sie ursprünglich der Grundherrschaft. In den Jahren 1825 und 1833 kauft die Realgemeinde Essingen die zwei Drittel Anteile der Rittergutsbesitzer von Neubronn und der Grafen Degenfeld-Schomberg einschließlich der beiden Weiher für 5.000 Gulden.

1851 betrug der Viehbestand in Essingen 423 Ochsen und Stiere, 417 Kühe, 561 Stück Kleinvieh, 91 Pferde, 127 Schweine, 93 Ziegen (Gaisen), die von der ärmeren Klasse der Einwohner gehalten werden und 4.050 Schafe.

.

1856 wird das Weiherhaus abgebrochen - einige Wetteraufzeichnungen

Nachdem die Weidefütterung aufgrund der schlechten Wetterbedingungen zunehmend problematischer wurde, erfolgte wie andernorts auch in Essingen und Lauterburg die Einführung der Stallfütterung. Im Memorabilienbuch der Pfarrei Lauterburg finden sich präzise Aufzeichnungen über das örtliche Wetter, die Ernten, Hungersnöte und Teuerungen. Einige Auszüge davon sollen belegen, wie sich das Klima zu dieser Zeit veränderte:
„1816/17 besteht eine große Hungersnot, das Simri Korn kostet 12 bis 14 Gulden, ist aber nur noch im großen Lager in Ellwangen erhältlich.
1834 ist ein sehr trockener Jahrgang, die Qualität der Früchte ist daher sehr schlecht.
Auch 1835 ist ein besonders trockenes Jahr mit wenig Heu. Die Fruchternte ist so gering, dass der Zehnte der Herrschaft nicht einmal zur Pfarrbesoldung ausreicht und dem Pfarrer daher noch acht Scheffel Dinkel aus Essingen angewiesen werden müssen, obwohl auch dort die Ernte gering ausfiel.

1836 ist ebenfalls trocken, die Ernte der Futtergewächse nicht ausreichend. Auch Kartoffeln gibt es nicht viel, sie sind zudem klein, teils unreif und kamen nass herein. Die Hanfernte ist kaum mittelmäßig, der Flachs so schlecht, dass man ihn großteils nur zum Streuen benutzen kann.

1837 ist kaum anders als die vorherigen Jahre, die Futternot ist sehr groß, besonders bei den Schafen, das Fuder Heu steigt auf zwei Gulden.

1840 auf 1841 war ein langer und strenger Winter und die Holzvorräte gingen zu Ende. Bereits im April trat jedoch Trockenheit ein, die fast ohne Unterbrechung bis Ende Juni dauerte, so dass alles sehr austrocknete. „Die Winterfrucht, hauptsächlich der Dinkel, steht ziemlich schlecht und wenn die Dürre nicht bald nachlässt, so ist, weil auch kein Futter wächst, das Jahr ungünstig."

Der Sommer 1842 war ebenfalls sehr trocken. Der Winter 1844/45 war lang und streng, dann folgte eine ungewöhnliche und langanhaltende Hitze, an der neben älteren Bewohnern auch ein 15 Jahre altes Mädchen verstarb.

Der Winter 1846/47 dauerte vom 1. Advent 1846 an bis Ende April 1847. Der Schnee war oft an manchen Stellen zehn bis 12 Fuß hoch. Am 18. April, es war der Konfirmationstag, fiel noch bei furchtbarem Schneesturm zwei bis drei Fuß hoch Schnee, dass man beinahe nicht mehr in die Kirche kommen konnte. In Folge des vorjährigen furchtbaren Hagelschlags und der allgemeinen Teuerung, die in diesem Jahr stattfand, wurde im Pfarrhaus eine Brotbäckerei errichtet, aus der vom 25. März bis Ende August an 74 hiesige Familien, bestehend aus 287 Köpfen, Brot und Mehl unentgeltlich abgegeben wurde. Zum Ankauf von Früchten bekam die hiesige Gemeinde aus der Kasse der königlichen Zentralleitung des Wohltätigkeitsvereins für die im Jahr 1846 durch Gewitter in Schaden gekommenen hilfsbedürftigen Amtsangehörigen 370 Gulden. Spenden in Höhe von 250 Gulden kamen auch noch von vielen weiteren Organisationen, auch die Herrschaft von Woellwarth erbrachte hohe Unterstützungsleistungen."

Nachdem die Bauern in Essingen und Lauterburg also die Stallfütterung eingeführt hatten und deshalb von der Realgemeinde kein Hirte mehr angestellt wurde, werden die beiden Weiher trockengelegt, die Weide verpachtet, in Fruchtfelder umgewandelt und das im Eigentum der Realgemeinde befindliche Weiherhaus 1856 auf Abbruch verkauft.

Die bisherige Schafwäsche auf den Weiherwiesen wird an die Rems bei der Ölmühle verlegt.

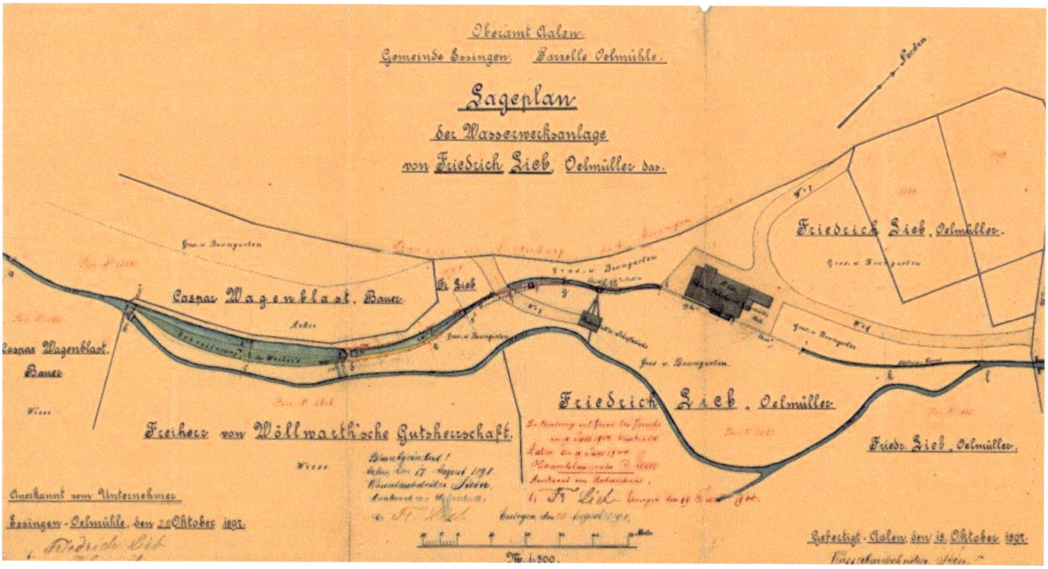

Lageplan der Ölmühle mit der Schafwäscheeinrichtung.
Plan: Wasserbautechniker Stein, Oberamt Aalen, 18. Oktober 1897

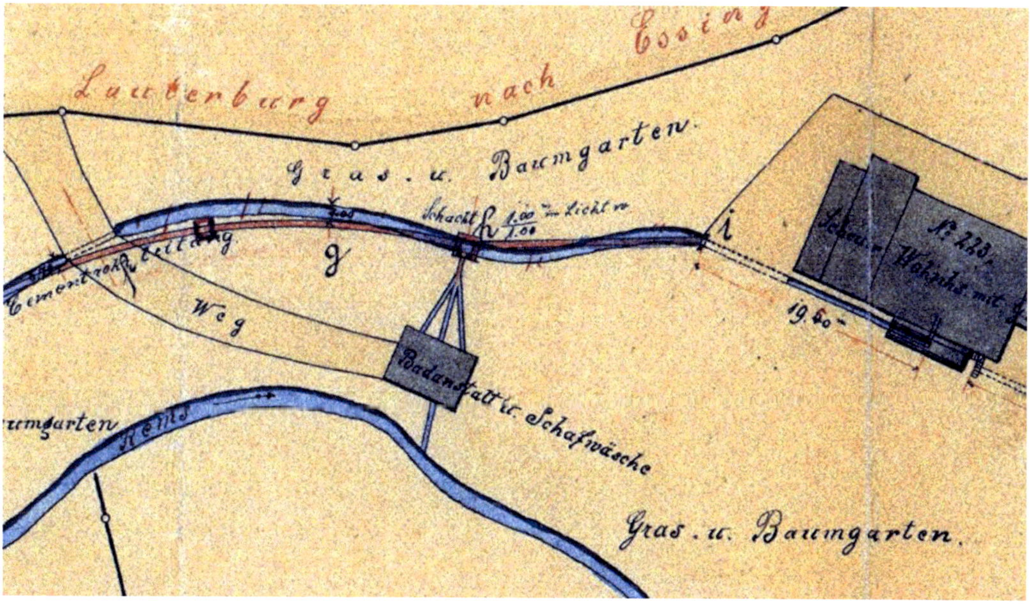

1857 bis 1952 Schafwäsche an der Rems bei der Ölmühle

1861 gibt es in Deutschland noch rund 28 Millionen Schafe, danach geht der Bestand fast katastrophal zurück. In Württemberg verzeichnet sich ebenfalls ein Rückgang bis auf über 70 Prozent der ursprünglich vorhandenen Schafe.[72] Die früher übliche Wanderschäferei wird erheblich eingeschränkt und erreicht dabei kaum zehn Prozent der vorhandenen Schafe. Auch im ehemals woellwarthschen Herrschaftsgebiet geht die Schafhaltung dramatisch zurück.

Wie erwähnt, wurde die Schafwäsche 1856/57 von den Weiherwiesen an die Rems bei der Ölmühle verlegt, wo im Frühjahr 1860 noch 6.568 Schafe gewaschen werden, darunter die Schafe vom Unterkolbenbauer Johannes Mundus, vom Oberkolbenbauer Andreas Veihl sowie dem Weinschenkerbauer Johannes Kümmel und dem Sixenhofbauern Gottfried Zeller. Auch Blümleswirt Karl Ackermann treibt 360 Schafe zur Ölmühle und der Besitzer vom Schnaitberg, Bierbrauereibesitzer Johann Friedrich Koppenhöfer aus Stuttgart, lässt 385 Schafe waschen. Weitere Schäfer kommen aus Reichenbach, Nesslau, Aalen, Schorndorf, Itzelberg, Aufhausen, Oberkochen und Lautern.[73]

Am Tag ihrer Ankunft werden die Schafe in einem Wasserbecken eingeweicht. Am nächsten Tag erfolgt die Schur der Tiere, nachdem sie zuvor noch in drei Gängen gründlich gewaschen wurden.

Wie aus den nachfolgenden Bildern zu ersehen ist, war das Wasserbecken im Jahre 1910 noch nicht betoniert, dies erfolgte erst nach 1920. In einem Zeitungsbericht vom 19. November 1949 unter der Überschrift „Essingen, ein Ort der Betriebsamkeit“ berichtet Bürgermeister August Metsch unter anderem auch über die Ölmühle, die im Frühjahr in ihrer Schafwäscherei Hochbetrieb hat. Nachdem die Schafhaltung ständig zurückgeht und zudem einfachere Methoden der Schafwäsche aufkommen, wird 1952 bei der Ölmühle zum letzten Male eine Schafwäsche durchgeführt. Da das Wasser der Rems zur Zeit der Schur kaum einmal 10 Grad Celsius erreicht, ist die Schafwäsche eine große Strapaze für Mensch und Tier.

Die Schur der Schafe erfolgt diesmal nicht bei der Ölmühle, sondern in Oberkochen in einer Scheuer des Gasthauses zum Pflug. An dieser harten Arbeit der Wäsche an der Ölmühle sowie der Schur in Oberkochen sind auch Frauen aus dem Dorf beteiligt.

Der Brunnen vor dem Essinger Rathaus erinnert heute an die jahrhundertelange Schafhaltung auf der Essinger Markung und an die mühevolle Arbeit der Schafwäsche und Schafschur.

Schafwäsche 1910. Fotos: Familienarchiv Manfred Lieb, Ölmühle
In der hinteren Bütt ist August Lieb (1883-1931) zu sehen, bei dem Jungen dahinter handelt es sich wohl um dessen Bruder Georg (1900-1974). Das Becken ist noch nicht betoniert.

Schafwäsche 1928, das Wasserbecken ist jetzt betoniert

Schafweideablösung der Gutsherrschaften Woellwarth und Degenfeld an die Realgenossenschaft

Im Jahre 1877 erfolgt die Schafweideablösung sowohl der Gutsherrschaft von Woellwarth als auch der Gutsherrschaft von Degenfeld zu Eybach an die Gütergenossenschaftsverwaltung Essingen.

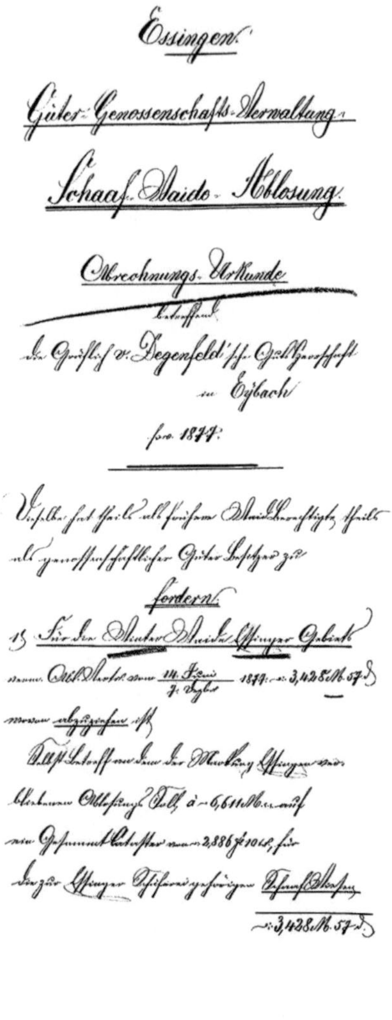

Essingen.

Güter-Genossenschafts-Verwaltung.

Schaaf-Waide-Ablosung.

Abrechnungs-Urkunde

betreffend

der Gräflich v. Degenfeld'schen Gutsherrschaft

zu Eybach

pro 1877.

Dieselbe hat theils als frühere Waideberechtigte, theils als genossenschaftlicher Güterbesitzer zu

fordern.

1) Für den Winter-Waide-Essinger Gebiets ... 14. Juni / 7. Septbr 1877: 3,428 M. 57 ₰

... 6,611 M. ... 2,886 fl. 10 kr. ...

3,428 M. 57 ₰

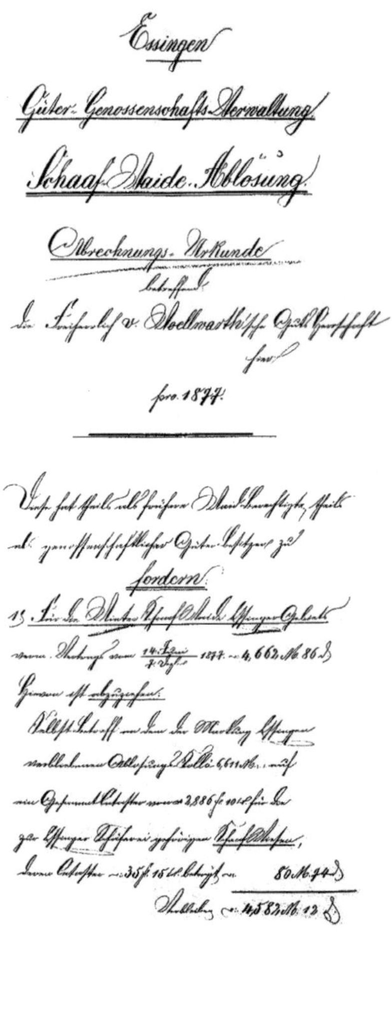

Essingen

Güter-Genossenschafts-Verwaltung

Schaaf-Waide-Ablösung.

Abrechnungs-Urkunde

betreffend

der Freiherrlich v. Woellwarth'schen Gutsherrschaft

hier

pro 1877.

Diese hat theils als frühere Waideberechtigte, theils als genossenschaftlicher Güterbesitzer zu

fordern.

1) Für den Winter-Schaaf-Waide-Essinger Gebiets ... 14. Juni / 7. Septbr 1877: 4,662 M. 86 ₰

... 6,611 M. ... 2,886 fl. 10 kr. ...

... 35 fl. 15 kr. ... 80 M. 74 ₰

... 4,582 M. 12 ₰

Die Verträge werden am 15. März 1878 geschlossen, auf Seite der Genossenschaft unterzeichneten in beiden Verträgen Schultheiß Bäuerle und Rechner Wirth.[74]

Schafhaus auf dem Ammertsbühl

Nachdem die Herrschaft Woellwarth bereits 1854 auf der Lauterburger Heide und dem Ammertsbühl (Ammansbühl[75]) die Sommerschafweide an verschiedene Einwohner von Bartholomä verpachtet hatte[76], werden diese Schafweiden nun von der Realgenossenschaft weiterbenützt. Ob auf dem Gewann Ammertsbühl bereits ein woellwarthsches Schafhaus stand, lässt sich nicht nachweisen.

Am 20. April 1891 fertigt Oberamtsbaumeister Stein aus Aalen einen Bauplan über ein von der Realgenossenschaft Essingen neu zu erbauendes Schafhaus auf dem Gewann Ammertsbühl Markung Essingen, welches in der Breite, Länge und Höhe den beiden Schafhäusern Lauchkling und Lix in Essingen entspricht.

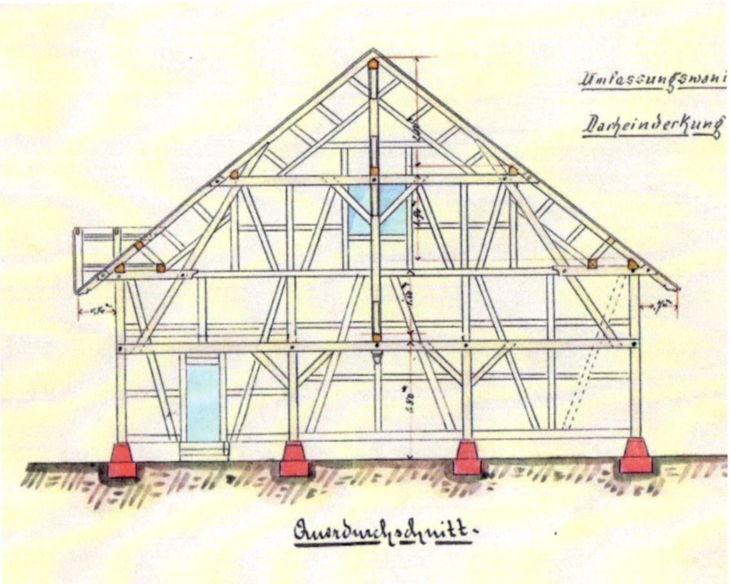

Bauplan von Oberamtsbaumeister Stein, Aalen,
gefertigt am 20. April 1891

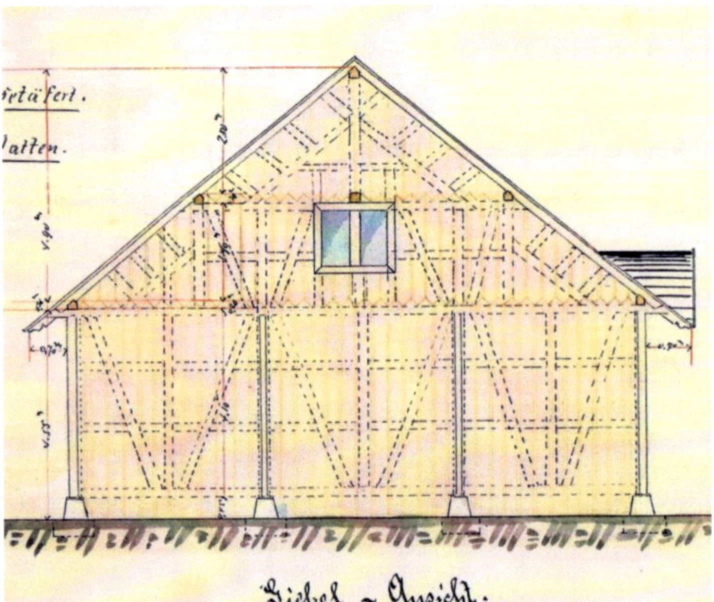

Das neue Schafhaus brennt am 18. Januar 1897 nieder, heute finden sich lediglich noch einige Fundamentreste im Wald.[77]

Auf dem Weg zum Brandplatz entdeckte Wolf von Woellwarth die Spuren zweier Hirschrudel, die von Essingern in seinem Wald gejagd wurden. Es handelte sich dabei wohl um die letzten Hirsche in der Gegend.

Blick vom Ammertsbühl in Richtung Bärenberg
Foto: 22. August 2011

Schafhaltung in Essingen geht zu Ende

Über die Kulturveränderungen auf Essinger Markung zwischen 1884 und 1912 gibt uns die diesbezügliche Beschreibung des oberen Kolbenhofes ein gutes Beispiel:

„An Stelle der früheren Fruchtfolge Brache, Raps, Winterfrucht, Hackfrucht, Sommerfrucht, Klee, Sommerfrucht ist nun die freie Wirtschaft eingetreten, mit zur Hälfte angebauter Brache und ohne Raps. Futtererzeugung ist die Hauptsache, die Erträge sind in Qualität und Quantität sehr gute. Aus der 1885 bis 1902 gehaltenen Schwyzer Stammherde wurden Zuchttiere in die nähere und weitere Umgebung verkauft; jetzt werden die in der Gegend heimischen Limpurger gehalten. An die Landwirte werden jährlich über 100 Ferkel verkauft, sodann auch Dinkel, Hafer, Gerste und Kartoffeln zur Saat. Weil die Drainage auf 5,5 ha nasser Äcker sehr teuer kam, bis zu 500 Mark pro Hektar und andererseits das hiesige Heu, besonders für Milchkulturanstalten zu gutem Preis jederzeit verkäuflich ist, wurden später die nassen Äcker mit großem Erfolg in Wiesen umgewandelt. Von 1884 wurden auf dem Gut, da Milchverwertung zu nieder, nur zwei Kühe, 20 Stück Jungvieh, 150 Zuchtschafe und dazu zwei bis vier Pferde gehalten. Von 1884 bis 1902 außer vier bis sechs Pferden 20 bis 24 Kühe, ein bis zwei Bullen, 10 bis 14 Rinder und Kälber, sechs bis acht Schweine, im Winter Mastschafe eines Pachtschäfers, zusammen 160 dz Lebendgewicht auf das ganze Jahr berechnet.

1903 wurde die Fohlen- und Jungviehweide eröffnet, die jährlich von Mai bis Oktober mit 64 bis 84 Tieren beschlagen ist; außer auf dem Gut selbst stehen 12 bis 15 Kühe, ebenso viele Rinder, 30 Schweine, dabei neun Mutterschweine, so dass das ganze Gut, neben Verkauf von 600 dz Heu, nun außer vier bis fünf Pferden über 220 dz Lebendgewicht an Zucht- und Nutzvieh ernährt. Da der Boden kalireich ist, wird in Kunstdünger in der Hauptsache Phosphorsäure und Stickstoff reichlich zugeführt, auch Kalkdüngung ist lohnend. Die Löhne sind von 1884 bis 1912 nahezu aufs Doppelte gestiegen.

Vom Jahrzehnt 1884 bis 1893 bis zum Jahrzehnt 1902 bis 1911 sind die Hektarerträge von Hafer von 15 dz auf 16 dz, die anderen Getreidearten dementsprechend gestiegen, Klee aber von 50 auf 70, Wiesenheu von 45 auf 66 dz. Die Obstbäume wurden von 200 auf 900 Stück vermehrt und lieferten 1912 etwa 350 dz Obst. Im Wald überwiegen junge Fichtenbestände die älteren gemischten Schläge, aus denen alle fünf Jahre ein Holzverkauf stattfindet. Die Schwierigkeit, in der Nähe der Industrieorte Aalen und Wasseralfingen genug Arbeiter zu bekommen, nötigte zum Bezug von Sommerarbeitern aus dem Mainhardter Wald und einmal ungarischer Schwaben."[78]

In einem Zeitungsbericht vom 19. November 1949 unter der Überschrift „Essingen, ein Ort der Betriebsamkeit“ berichtet Bürgermeister August Metsch unter anderem auch über die Ölmühle, „die im Frühjahr in ihrer Schafwäscherei Hochbetrieb hat, aber ständig zurückgeht.“

Die geschilderten Kulturveränderungen führen zusammen mit dem Rückgang der Schafhaltung und dem Aufkommen von einfacheren Methoden der Schafwäsche 1952 zum Ende der Schafhaltung in Essingen und Lauterburg.

Die letzten Essinger Schafhalter sind die Brüder Wilhelm, Karl und Johannes Holz, Söhne des Matthäus Holz, Pächter auf dem Hofgut Tauchenweiler. Die stattliche Meierei Tauchenweiler umfasst zu dieser Zeit ein Ökonomiegebäude mit Scheuer, Viehstall, Wagenremise und einen Schafstall. Wilhelm Holz wird zuerst Nachfolger seines Vaters als Gutspächter auf dem Tauchenweiler, 1925 kauft er das Gasthaus zum Blümle in Essingen und gibt die bisherige Pacht auf.

Karl Holz, auch bekannt als „Tauchenweilerkarle“, treibt 1952 letztmals seine Schafe zur Schafwäsche bei der Ölmühle und beendet danach die Schäferei.

Schäfer Karl Holz
„Tauchenweilerkarle“
Foto: Hermine Klotzbücher,
Essingen

Schäfer Richard Holz 1952 im Ried
Foto: Klara Holz, Essingen

Johannes Holz ist bis zur Erbauung seines Anwesens beim Bahnhof im Jahre 1926 auf ständiger Wanderschaft, in der Winterzeit treibt er seine Schafe bis nach Heidelberg. Verheiratet mit der Witwe Margarete Ackermann vom Gasthaus zum Blümle verlässt Johannes Holz nach deren Tod im Jahre 1921 das Blümleswirtshaus und heiratet später in zweiter Ehe Mina Mack vom Unteren Kolbenhof.

Nach dem Bau des neuen Anwesens beim Bahnhof gibt Johannes Holz die ständige Wanderschäferei auf und treibt nun seine Schafe den Sommer über auf die Weide nach Oberkochen, im Winter stehen sie im neu erbauten Stall.

Zusammen mit seinem am 3. Oktober 1929 geborenen Sohn Richard treibt er 1952 noch 200 Schafe zur letzten Schafwäsche zur Ölmühle. Die Ehefrau von Richard Holz, Klara geborene Leinmüller, ist als eine der Wäscherinnen aus dem Dorf bei dieser letzten Schafwäsche an der Ölmühle auch beteiligt. Johannes und Richard Holz geben im Jahre 1953 die Schafhaltung auf. Johannes Holz stirbt am 6. Februar 1954.

Nach dem Tod von Richard Holz am 18. Juli 1988 verkauft seine Witwe Klara Holz das Anwesen an der Ecke Bahnhofstraße / B29 für den geplanten vierspurigen Ausbau der B 29 und zieht 1989 in die Dorfmitte von Essingen.[79] Klara Holz stirbt 2015.

Ein Ausbau der B 29 ist bis heute nicht erfolgt. Das Haus des letzten Essinger Schafhalters wird anfangs von der Gemeinde noch zur Unterbringung von Asylbewerbern genutzt, steht danach über zehn Jahre lang leer. Baufällig geworden wird es im August 2011 abgerissen.

Schäferstündchen mit Folgen

Wenn über den Schäfer und den Schäferberuf geschrieben wird, sollte die „Schäferstunde" nicht ganz unerwähnt bleiben, deren Ursprung auf die antiken Hirten- und Schäferdichtungen zurückgeführt wird. In Deutschland kam die Schäferdichtung im 17. und 18. Jahrhundert auf und idealisierte das Schäfer- und Hirtenleben: Das Wort *Schäferstunde* wurde ab 1740 gebräuchlich.[80] Der heute übliche Begriff des „Schäferstündchens" als Ausdruck für eine intime erotische Beziehung kam dagegen erst viel später auf und hat im eigentlichen Sinne mit der Schäferei nichts mehr gemeinsam.

So manch romantische Schäferstunde auf den Schafweiden der woellwarthschen und degenfeldschen Grundherrschaften oder den Allmenden der Gemeinde endete gelegentlich mit Nebenwirkungen und Folgen. Den Scortationsprotokollen (Beischlafprotokollen) und den Kirchenbüchern ist zu entnehmen, dass solche „Schäferstündchen" öfter für die Vermehrung der woellwarthschen Untertanen beigetragen haben als dies zu vermuten ist, obwohl durch die weltlichen und kirchlichen Herrschaften für außerehelichen Beischlaf teils drakonische Strafen verhängt wurden.

Grundlage dafür war die Eheordnung für Essingen und Lauterburg, die 1644 von der Herrschaft Woellwarth in Anlehnung an die durch Synodalbeschluss in Württemberg eingeführten Kirchenkonvente in der Notzeit des zu Ende gehenden 30- jährigen Krieges erstellt wurde. Die sittlichen und moralischen Zustände waren auch im hiesigen Gebiet von den kriegerischen Zeitläufen geprägt und wie andernorts auch auf einem absoluten Tiefstand angelangt. So versuchte die Herrschaft, das Ehe- und Familienleben in Essingen, Lauterburg und den anderen woellwarthschen Orten wieder in einigermaßen geordnete Bahnen zu lenken. In dieser Eheordnung, die zweimal jährlich in der Gemeinde verkündet und im Jahre 1733 erneuert wurde, heißt es unter anderem:
„Zum Dritten müssen wir ja auch mehr und mehr mit ungnädigem Missfallen vernehmen, dass die zur Abstrafung von Hurerei und Unzucht gefasste Strafe zur Abstellung solcher Leichtfertigkeit und unchristlichem Benehmens des frühen Beischlafs nicht schwer genug noch erklecklich sein wolle, deshalb wir selbige dergestalten zu extendieren und zu erhöhen bedacht sind, dass solche misstätigen Personen neben auferlegtem Geld oder durch Strafe allen Ernstes all verlustig und unfähig sein und bleiben sollen. Auch auf der Kanzel nicht drei Sonntag nacheinander, sondern auf einen Sonntag zum dritten und letzten Mal ausgerufen […] hierauf nun allem besorgenden Unheil, Sünde, Schande und Laster möglichst vorzukommen,

wollen wir befehlen und anordnen: wo so ein verdächtiger und leichtfertiger Zuwandel gespürt würde von lediger oder ehelicher Standsperson, solches unserem Pfarrer zeitlich entdeckt werde, welcher den verdächtigen Personen solches zum ersten Male ernstlich untersagen, verweisen und abmahnen solle. Das andere Mal aber, so sie beharrlich gedenken fortzusetzen [...] sollen die frühen Beischläfer nebst Turm- oder Geldstrafe auf ein Jahr lang relegiert und des Ortes verwiesen werden und künftighin die frühen Beischläfer, Mann- und Weibsperson, des Nachts nicht aus dem Turm oder Zuchthaus sollen gelassen, sondern darin behalten werden, bis sie ihre Strafe ohne einen Nachlass im Gefängnis abgebüßt oder solche mit Geld bezahlt haben."

In einem Nachtrag heißt es: „Am 7. Juli 1729 wurde der Anfang gemacht, die frühe Beischläferverordnung zu beleben. Die ersten Bestraften waren Michel Krauß, gewesener Mehlknecht in der oberen Mühle zu Lautern und die gmündsche Bauerntochter Margaretha Schweitzerin."[81]

Meldepflichtig für uneheliche Geburten waren in erster Linie die Hebammen, die bei Missachtung der Vorschriften ebenfalls hohe Strafen zu erwarten hatten. Diese Anzeigepflicht hatte noch lange Zeit Bestand, so teilte die Königlich Württembergische Regierung des Jagstkreises dem Oberamt Aalen am 22. Juli 1823 mit, „dass man bei der Durchsicht des Jahresberichtes der Hebammen die Überzeugung gewonnen habe, dass die meisten Hebammen unzeitige und frühzeitige Geburten nicht in ihre Tagebücher aufzunehmen pflegen. Das Oberamt hat daher sämtliche Hebammen und Geburtshelfer in die Pflicht zu nehmen, dass sie alle vorkommenden unzeitigen und frühzeitigen Geburten mit Angabe des Geschlechtes und beiläufigen Alters der Frucht in ihren Tagebüchern aufführen, auch getreulich anzuzeigen, ob die Mutter ledig oder verheiratet ist. Ebenso wird den Hebammen aufgetragen, dem Oberamtsarzt von etwa vorkommenden Missgeburten Anzeige zu machen."[82]

Am 11. Dezember 1747 wird Johann Georg geboren. Als Mutter ist die Schafknechtstochter Barbara Henne, als Vater der Schäfer Jacob Baßler vermerkt.

Am 26. Juli 1751 erblickt Christoff das Licht der Welt, seine Mutter ist Catharina Meyer aus Forst, der Erzeuger Johann Georg Schilling, ein Schäfer auf Wanderschaft mit unbekannter Herkunft.

Das Knäblein Matthäus kommt am 2. Dezember 1762 in Forst zur Welt, die Mutter ist Margarethe Stegmejer, der Vater Andreas Majer, Schafhirte zu Forst.

Am 19. November 1768 wird Catharina geboren. Die Mutter ist Catharina Kolb aus Essingen, der Vater Johann Geiger, ein auswärtiger Schafhirte unbekannter Herkunft.

Margarethe Streicher wird am 29. Mai 1770 von einer Tochter Juliane entbunden, die Hebamme erhält dafür 20 Kreuzer, wie der Gemeinderechnung der Jahre 1769/70 zu entnehmen ist. Vater ist der Schafhirte Joseph Hoch.

Am 30. Januar 1781 wird Johann Georg geboren. Die Mutter ist Margarethe Zeyher, der Schafhirte Jacob Scheuerle der Vater. Im Scortationsprotokoll Januar 1781 ist zu diesem Fall festgehalten: „Werden Margarethe Z. und Jacob S. in eine Strafe von acht und 12 Gulden condaminiert, nebst denen sie noch die gewöhnliche Amts- und Heiligengebühr mit vier Gulden zu bezahlen haben. Überdies wird S. für schuldig erkannt, dem mit der Margarethe Z. unehelich gezeugten Kind, wenn dasselbe lebendig zur Welt komme, und so lange, bis es das 14. Lebensjahr zurückgelegt haben wird, alljährlich einen Unterhaltungsbeitrag von fünf Gulden zu entrichten."

Als letztes Beispiel aus der langen Liste soll Margarethe angeführt werden, die am 13. April 1792 geboren wird. Regina Helmer, eine Tochter des Wiesenknechts auf dem Schafhof Lauchkling Melchior Helmer, ist die Mutter, Johann Georg Grimminger, ein katholischer Schäfer aus Merdingen am Kaiserstuhl der Vater. Auch dieser Kerle entzog sich seiner Verantwortung als Kindsvater und machte sich aus dem Staub.

Die Beischlafstrafen in Geld wurden in aller Regel der Heiligenrechnung gutgeschrieben, wie dies aus den dortigen Einnahmen zu ersehen ist: „Kraft der Urkunde von 16 Personen, die sich scortationis cum impraegn. (Hurerei) vergingen, 18 Gulden.“[83]

Unehelicher Beischlaf, Unzuchtsvergehen, Abtreibung, Ehebruch oder Sodomie wurden neben den empfindlichen Geldstrafen in besonderen Fällen noch zusätzlich mit Arrest, Pranger oder Bock bestraft. Auch die zeitweise oder lebenslange Ausweisung aus dem woellwarthschen Herrschaftsgebiet war möglich.[84]

Nachbemerkung

2018 gibt es in Baden-Württemberg noch zirka 215.500 Schafe, hinsichtlich Schafzahl nach Bayern an zweiter Stelle in Deutschland, rund 1.300 Schafhalter mit 20 und mehr Schafen, davon etwa 110 hauptberufliche Schafhalter und 15 Wanderschäfer. Die Schafhaltung ist in den letzten zehn Jahren um 30 % zurückgegangen.

Wanderschafhaltung:
Schafherden ziehen entsprechend der Vegetationszeit auf verschiedene Weidegebiete. Sommerweide: Streuobstwiesen, Mager- und Trockenrasen (Schwäbische Alb, Schwarzwald, Hohenlohe), Herbst- und Winterweide: in klimatisch günstigeren Gebieten (Rheintal, Bodenseeraum, mittleres und oberes Neckartal mit Seitentälern).

Standortgebundene Hütehaltung:
Schafe werden während der Wintermonate im Stall gehalten, im Frühjahr, Sommer und Herbst auf näherliegenden Flächen gehütet.

Koppelschafhaltung:
Nutzung von Restgrünland in landwirtschaftlichen Haupt- und Nebenerwerbsbetrieben.

Hobbyhaltung:
Kleinere Herden, die wirtschaftliche Bedeutung ist gering.

Merinolandschafe sind die stärkste Rasse mit etwa 70 % des Gesamtschafbestandes. Sie sind robust, widerstandsfähig, marsch- und pferchfähig und daher besonders für die Hütehaltung geeignet. Sie liefern eine qualitativ hochwertige Wolle.

Fleisch-Schafrassen wie Schwarzkopf, Texel oder Suffolk werden überwiegend in der Koppelschafhaltung eingesetzt.

Landschaf-Rassen wie Heidschnucken, Fuchsschafe und Milchschafe sind in der Regel in kleineren Haltungen zu finden, wobei Milchschafe gemolken werden und pro Laktation ca. 450 kg Milch mit hohem Fett- und Eiweißgehalt liefern. Neben Trinkmilch wird auch Käse und Joghurt produziert, [85]was der zunehmenden Nachfrage nach regionalen Produkten sehr entgegenkommt.

Vom selben Autor bisher veröffentlicht:

Herzog Friedrich Paul Wilhelm von Württemberg und sein Jagdschloss auf dem Hirschrain bei Bartholomä. (Zusammen mit Jan Ruben Haller)
Verlag BoD-Books on Demand, Norderstedt 2017.
ISBN: 978-3-7448-5505-1

Schwäbischer Albverein Ortsgruppe Essingen - Von der Gründung 1892 bis zum 125- jährigen Jubiläum 2017.
Verlag BoD-Books on Demand, Norderstedt, 2017.
ISBN: 978-3-7448-4805-3

Die Marienkirche auf dem Friedhof Essingen - Beschreibung und Rekonstruktionsversuch.
Verlag BoD-Books on Demand, Norderstedt, 2018.
ISBN: 978-3-7460-6447-5

Johann Balthas Bäuerle, Essinger Schultheiß von 1834 bis 1892 - Wegbereiter für die heutige Realgenossenschaft Essingen.
Verlag BoD-Books on Demand, Norderstedt, 2018.
ISBN 978-3-7448-1757-8

Schutzjuden im ehemals woellwarthschen Essingen.
Verlag BoD-Books on Demand, Norderstedt, 2018.
ISBN: 978-3-7481-0930-3

Die Gerichtsbarkeit im ehemals woellwarthschen Essingen.
Verlag BoD-Books on Demand, Norderstedt, 2018.
ISBN:978-3-7481-3211-0

Königlich Sächsischer Generalstabsarzt Dr. Johann Caspar Sahlfelder.
Verlag BoD-Books on Demand, Norderstedt, 2018.
ISBN: 978-3-7481-3927-0

Quellenverzeichnis

---

[1] Hauptstaatsarchiv Stuttgart (HStAS), Württembergische Regesten Nr. 6126.
[2] Die hinter den Namen der Mitglieder der Familie von Woellwarth in Klammer angegebene Nummer, jeweils mit (#) beginnend, entspricht der Nummerierung in: Albrecht Freiherr von Woellwarth (Bearb.), Die Freiherren von Woellwarth. Stammtafeln. Aalen 1949. ND der 2. Auflage 1979.
[3] Norbert Hofmann (Bearb.), Archiv der Freiherren von Woellwarth. Urkundenregesten 1359-1840. (Inventare der nichtstaatlichen Archive in Baden-Württemberg Bd. 19). Stuttgart 1991, PL 9/2, U 380 lfd. Nr. 403.
Lehenbuch Oettingen Nr. 887 Anm. 2
[4] Gemeindearchiv Essingen (GAE), Katastererhebung für Handwerker 1823
[5] http://www.markgroeningen.de/2408_DEU_WWW.php Stand 6.4.2011
[6] Norbert Hofmann (wie Anmerk. 3) PL 9/2 U 409, lfd. Nr. 430.
[7] HStASt A 499 U 160.
[8] Lt. Auskunft der Gemeindeverwaltung Essingen Juni 2006.
[9] Norbert Hofmann (wie Anm. 3) PL 9/2, U 380, lfd. Nr. 403.
[10] HSTAS, B 183 Nr. 1922.
Alfons Nitsch (Bearb.), Urkunden und Akten der ehemaligen Reichsstadt Schwäbisch Gmünd II. Teil: 1451 bis 1500 (Inventare der nichtstaatlichen Archive in Baden-Württemberg, H.12). Schwäbisch Gmünd 1967, Nr. 1079.
[11] Hofmann, Archiv (wie Anm. 3), PL 9/2, U 417 bis 418, lfd. Nr. 438 bis 439.
[12] Ute Bitz, Udo Herkert (Bearb.), Archiv der Freiherren von Woellwarth zu Essingen, Amtsbücher und Akten 1475 bis 1966. Findbuch zum Bestand PL 9/3 Büschel 809 Ordnungsnummer 219. Masch. Man. Staatsarchiv Ludwigsburg 2003 (nachfolgend StAL PL 9/3, Büschel = Bü, Ordnungsnummer = ON).
[13]C. F. Wagner, Beschreibung und Geschichte des Marktfleckens und Pfarrdorfs Essingen mit seinen Filialen. Aalen 1839, S. 5-6, besonderer Beschrieb.
[14] GAE, Auszug aus dem erneuerten Saalbuch vom 7. Februar 1681, erstellt im Jahre 1772 durch den degenfeldschen Amtsschultheißen Johann Georg Pfänder, S. 28.
[15] Staatsarchiv Ludwigsburg (StAL PL 9/3 Bü. ON) PL 9/3 Büschel 1332 Ordnungsnummer 902.
[16] Staatsarchiv Ludwigsburg Bestand B 149 Bü. 1267 (Neubronn)
[17] StAL PL 9/3 Bü. 1176 ON 528.
[18] ebd., Bü. 116 ON 1275.
[19] ebd., Bü. 928 ON 1274.
[20] Staatsarchiv Ludwigsburg Bestand B 149 Bü. 362 (Neubronn)
[21] ebd., Bestand B 149 Bü. 1324 (Neubronn)
[22] ebd., Bestand B 149 Bü. 363-364 (Neubronn)
[23] GAE, Specificatio Nr. 8, Unternummer 2.
Vierleut oder Viermann wurden von der gemeinsamen Grundherrschaft eingesetzt. Nachdem sich zwischen den verschiedenen Grundherrschaften und auch mit der Gemeinde Essingen viele Streitereien ergaben, wurde in einem Vertrag von 1512 zwischen allen Grundherrschaften und der Gemeinde ein Vertrag geschlossen, um künftig „freundlich und gütlich miteinander umzugehen". Ein unter diesen Parteien

geschlossener Vertrag von 1512 regelte, dass der Schultheiß von Lauterburg „ nicht soll zu gebieten haben und zu strafen, sondern vier aus der Gemeinde gewählten Männer, so genannte Vierleut oder Viermann, zwei von der Lauterburger Herrschaft, und die anderen zweien aus der gemeinen Gebauerschaft der anderen Grundherren zu Essingen“. Dieser alte pergamentene Vertragsbrief, an dem die Sigillen verloren gegangen sind, wurde „am Donnerstag nach dem Sonntag, als man in dem Amt der heiligen Messe, inget Reminiscere, von der Geburt unseres lieben Herrn gezählt fünfzehnhundert und in dem zwölften Jahre“ ausgestellt. (Anmerkung: lat. „gedenke“, in der katholischen und evangelischen Kirche 2. Sonntag der Fastenzeit (Passionszeit), benannt nach seinem Introitus mit Psalm 25,6)

[24] StAL PL 9/3 Bü. 1354 ON 226

[25] Heinz Bohn: Einwohner von Lauterburg nach dem 30-jährigen Krieg, Zusammenstellung nach dem Kirchenbuch Lauterburg. (unveröffentlichtes Manuskript 2006)

[26] StAL PL 9/3 Bü. 396 ON 221

[27] Alfons Nitsch (wie Anm. 10) Nr. 2043

[28] Norbert Hofmann (wie Anmerk. 3) PL 9/2 U 328 lfd. Nr. 342.

[29] Akten des Reichskammergerichts im HStASt 4492 (U 140).

[30] GAE, Specificatio Nr. 8, Unternummer 4
Norbert Hofmann (wie Anmerk. 3) PL 9/2 U 339 lfd. Nr. 353

[31] Norbert Hofmann (wie Anmerk. 3) PL 9/2 U 342 lfd. Nr. 356

[32] StAL PL 9/3 Büschel 1180 (dieses Büschel fehlt im Findbuch!)

[33] Schwarzweiler oder Schwarzenweiler Dickbanntal (Flurkarte DE 6) heißt heute Dickbantel. Es handelt sich dabei um eine abgegangene Hofstelle bei der Quelle an den Wasserhilben in der Abteilung „Sauburren“. Nach einer Information des ehemaligen Revierleiters der Realgenossenschaft Herrn Helmut Merkle ist die Wasserstelle mit Backsteinen in Wölbungsbauweise ausgebaut und war bis in das Jahr 1960 wasser- führend. Der Fichtenbestand rund um die Quelle wurde Ende der 1960-er Jahre durch einen Flächenblitz in einem Durchmesser von rund 30 Metern zerstört, danach war keine Wasserführung mehr vorhanden. Ein Eintrag zum Schwarzweiler Dickbanntal findet sich auch in der Topographischen Karte 7226 Oberkochen, herausgegeben vom Württ. Statistischen Landesamt 1926, berichtigt 1951.
Siehe dazu auch unter: Heinz Bohn, Essingen. Straßen und Flurnamen auf der Markung im ehemaligen woellwarthschen Herrschaftsgebiet Essingen und Lauterburg. April 2007 S. 38 ff.

[34] GAE, lose Akten 18.06.1607.

[35] Staatsarchiv Ludwigsburg Bestand B 149 Bü. 1267 (Neubronn)

[36] StAL PL 9/3 Bü. 1331 ON 898.

[37] GAE, lose Akten, 16. Juli 1810.
ebd., Verzeichnis der Gebäude der freih. Woellw. Herrschaft 1819

[38] StAL PL 9/3 Bü. 1336 Nr. 11 ON 883.

[39] ebd., Bü. 140 ON 256.

[40] Heinz Bohn: Handel, Handwerk und Gewerbe im früheren woellwarthschen Herrschaftsbereich. Druck: D_tec.tif, 73430 Aalen, April 2007.

[41] GAE, Altregistratur 5410 ev. Kirche, Verwaltungsakten Stiftungspflege, Vergleichsverhandlung
vom 17. Oktober 1854.
[42]STAL PL 9/3 Bü. 664 ON 1110.
[43] GAE, Specificatio vom 24. März 1755 Nr. 19, Registerbuch 1744 des im Jahre 1743 an der Viehseuche
crepicrten Viehes.
[44] StAL PL 9/3 Bü. 1330 Nr. 6 ON 880.
[45] ebd., Extracte Kopien, Schreiben vom 02.06. 1767.
[46] Heinz Bohn: Die Mühlen im ehemals woellwarthschen Essingen. 2. Auflage. Druck: D_tec.tif, 73430 Aalen, März 2010.
[47] siehe dazu auch: GAE, Katastertabelle für Handwerker und Kleinhändler 1823.
[48] Geboren am 27. September 1781 in Lüben, Schlesien, gestorben am 25. Juni 1864 auf Schloss Rosenstein bei Stuttgart. Die erste 1808 geschlossene Ehe mit Prinzessin Charlotte von Bayern wurde 1815 geschieden. In zweiter Ehe verheiratet mit dcr Großfürstin Katharina von Russland. Vom 30. Oktober 1816 bis zu seinem Tod am 25. Juni 1864 als König Wilhelm I. von Württemberg. Nach dem plötzlichen Tod seiner zweiten Frau im Januar 1819 heiratete Wilhelm I. in dritter Ehe am 15. April 1820 seine 19 Jahre jüngere Cousine Pauline von Württemberg.
[49] Geboren am 21. Mai 1788 in Zarskoje Selo (Russland), gestorben am 9. Januar 1819 als Königin von Württemberg in Stuttgart. Katharina Pawlowna war das sechste Kind von zehn des Zaren Paul I. von Russland und seiner Frau Maria Feodorowna, geborene Sophie Dorothee von Württcmbcrg.
[50] Bernhard Hildebrand in: Aalener Jahrbuch1978, S. 180-183.
[51] GAE, Kataster 1822/23
[52] ebd., Magistratsprotokoll 1818-1821, Seite 467
[53] ebd., Magistratsprotokoll 1818-1821, Seite573b
[54] StAL PL 9/3 Bü. 1200 ON 459.
[55] ebd., Bü. 1202 ON 522 und Bü. 1088 ON 523.
[56] cbd., Bü. 1088 ON 523.
[57] ebd., Bü. 1201 ON 464.
[58] ebd., Bü. 1059 ON 492.
[59] Staatsarchiv Ludwigsburg Bestand B 149 Bü. 1271 (Neubronn)
[60] GAE, Kaufvertrag vom 7. März 1833
[61] ebd., Akte Realgenossenschaft. Protokoll der Vergleichsverhandlungen vom 2. April 1868.
[62] ebd., lose Akten in Truhe, Rechnungsprämissenbuch 1805
[63] ebd., Prämissenbuch 1805, Truhe, lose Akten
[64] Der Kobelisbauer Abel Baßler errichtete 1834 auf dem Falkenberg einen Bauernhof.
Heinz Bohn, Wulf Bachmann: Der Theußenberg bei Essingen. Druckerei Opferkuch, Aalen, August 2011.
[65] GAE, Besitzverzeichnis Woellwarth 1819
[66] ebd., Specificatio vom 24. März 1755, ohne Nr., 2 Dokumente

[67] Siehe dazu auch Alois Kapfer/ Heinz Bohn: Die Weiherwiesen - Landschaftsgeschichte eines Schutzgebietes des Schwäbischen Heimatbundes auf der Ostalb, in: Schwäbische Heimat, 2016/2 April bis Juni, S. 179-188

[68] ebd., Steuer- und Güterbuchbeschreibung vom 27. Juni 1759

[69] ebd., Extrakte Kopien, Protokoll vom 29. Juni 1788

[70] ebd., Rechnung über das Weiherhaus-Bauwesen 1789/90

[71] Ev. Pfarramt Essingen, Pfarrbericht Pfarrer Boeckheler 1827 §§ 13-14.

[72] Heinz Bohn: Die Mühlen im ehemaligen woellwarthschen Essingen. 2. Auflage. Druck: D_tec.tif, 73430 Aalen, März 2010.

[73] GAE, Rechnungen 1860.

[74] ebd., Realakte, Schafweideablösung 1877.

[75] Norbert Hofmann (wie Anmerk. 3) PL 9/2 U 380 lfd. Nr. 403: Georg von Woellwarth hatte am 15. Oktober 1418 unter anderen Gütern auch den Ammansbühl, Amanssbühel oder auf heutige Schreibweise den Ammertsbühl gekauft.

[76] StAL PL 9/3 Bü. 1088 ON 523.

[77] Lt. pers. Mitteilung von Wolf Freiherr von Woellwarth-Lauterburg sowie entsprechende Hinweise von Helmut Merkle, ehemaliger Revierförster der Realgenossenschaft Essingen. (August 2011). Die Aufforstung im Gewann Ammertsbühl erfolgte um 1920.

[78] Dade Dr.: Die Deutsche Landwirtschaft unter Kaiser Wilhelm II., 1913, Band 2 S. 235-237.

[79] Persönliche Mitteilung von Klara Holz, Essingen, am 9. Januar 2009.

[80] http://de.wikipedia.org/wiki/Sch%C3%A4ferst%C3%BCndchen. Stand 18.09.2011.

[81] StAL PL 9/3 Bü. 692 Nr. 2 ON 969

[82] GAE, Altregistratur 8020

[83] ebd., St. Quintini-Aerarium von Georgi bis Martini 1803

[84] Heinz Bohn: Die Gerichtsbarkeit im ehemals woellwarthschen Essingen. 2. Auflage. Verlag BoD-Books on Demand, Norderstedt, Dezember 2018. ISBN 978-3-7481-3211-0.

[85] Landesschafzuchtverband Baden-Württemberg e.V. (www.schaf-bw.de) Letzte Änderung 10.10.2018